高等学校应用型"十二五"规划教材·计算机类

项目导向——
C 语言嵌入式应用编程

主　编　何光普
副主编　张自友
参　编　杨济豪　祝加雄　常峰

西安电子科技大学出版社

内 容 简 介

本书基于乐山师范学院校级重点课题"电子信息工程 3CE 应用型创新人才培养模式的探索与实践"的研究成果，并在"3CE"(即"工程意识、工程能力和工程外化认证")为核心的应用型创新人才培养模式的理念指导下，密切结合 C 语言在嵌入式方面的应用特点，删繁就简，以应用为中心，依托项目和任务构建嵌入式 C 语言的知识体系。

本书采用项目导向和任务驱动模式构建嵌入式 C 语言的知识体系。根据 C 语言特点，在编写过程中，按照项目之间的逻辑关系进行组织，同时注意循序渐进，结合实际，采用启发式和任务驱动的方法，切实加强学生对基础知识的掌握，提高学生解决实际问题的能力。整个课程教学以四个项目为依托，细分为若干个子任务，从而囊括了课程要求的全部知识点。

本书既可以作为一般本科院校或高职高专电子信息类专业的 C 语言入门级教学用书，还可以作为计算机爱好者的自学参考书和计算机培训班的教材。

图书在版编目(CIP)数据

项目导向：C 语言嵌入式应用编程/何光普主编.
—西安：西安电子科技大学出版社，2013.4
高等学校应用型"十二五"规划教材
ISBN 978-7-5606-3041-0

Ⅰ. ① 项…　　Ⅱ. ① 何…　　Ⅲ. ① C 语言—程序设计—高等学校—教材
Ⅳ. ① TP312

中国版本图书馆 CIP 数据核字(2013)第 061784 号

策　　划　李惠萍　张 绚
责任编辑　李惠萍　郭雨薇
出版发行　西安电子科技大学出版社（西安市太白南路 2 号）
电　　话　(029)88242885　88201467　　邮　　编　710071
网　　址　www.xduph.com　　　　电子邮箱　xdupfxb001@163.com
经　　销　新华书店
印刷单位　陕西天意印务有限责任公司
版　　次　2013 年 4 月第 1 版　　2013 年 4 月第 1 次印刷
开　　本　787 毫米×1092 毫米　1/16　印张 14.5
字　　数　344 千字
印　　数　1～3000 册
定　　价　25.00 元
ISBN 978 - 7 - 5606 - 3041 - 0 / TP
XDUP 3333001-1

＊＊＊ 如有印装问题可调换 ＊＊＊

前　言

本书采用工学结合和任务驱动的模式编写。在实施过程中，以一个有趣的项目"双色球摇奖机"作为引导，再通过循序渐进的 3 个项目，即"学生成绩管理系统"、"十字路口交通灯系统"、"简易数字钟"逐步展开。通过对项目的分析，又将其分成若干个具体的任务，每个任务都包含着 C 语言的若干个知识点和技能点，如数据类型、输入输出函数、顺序结构、选择语句、循环语句、数组、函数、指针和结构体等。本书强调"任务"的目标性和教学情境的创建，使学生带着真实的任务在探索中学习。

本书以注重培养学生的实践能力为前提，理论知识传授遵循"实用为主、够用为度"的准则，基本知识广而不深、点到为止，基本技能贯穿教学的始终，具体采用"技能需求、问题引导、任务驱动"的方式。

本着为培养应用型人才提供一套精品教材的目的，编写本书时注重体现以下特点：

(1) 以"3CE"人才培养理念为引导。以项目导向和任务驱动模式构建课程知识体系。

(2) 以建构主义学习理论为指导。无论是项目还是具体任务，都从创建情境、案例讲解、拓展应用和扩展阅读几个层次逐步展开。

(3) 注重理论联系实际，强调理论为实践服务，知识内容以够用为度，以应用为目的，力求使学生"明基本概念，懂基本原理，强实际应用"。

(4) 本书选用了大量实例，包含调试运行截图和运行结果分析，内容精练，语言简洁，图表并用，通俗易懂，便于自学。

本书由乐山师范学院何光普教授主编，张自友老师为副主编，电子科技大学邓兴成老师主审。何光普教授负责项目拟定，张自友老师负责全书统稿及编写项目一，杨济豪老师编写项目二，祝加雄老师编写项目三，常峰老师编写项目四。

在本书的编写过程中得到了邓兴成老师的热情关心与指导，在此表示衷心感谢。

由于作者水平有限，加之时间仓促，本书不当之处在所难免，敬请读者批评指正。

编　者

2013 年 2 月

目　录

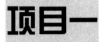

双色球摇奖机

☆ 知识技能

(1) 了解程序和程序设计语言的概念；

(2) 理解 C 程序的基本结构、源代码书写规范及风格；

(3) 掌握用程序实现简单输入输出功能的方法；

(4) 掌握常见的数据类型、运算符及优先级，理解不同数据类型间的转换和表达式的含义；

(5) 掌握表达式语句、复合语句、简单输入输出函数；

(6) 掌握选择结构和循环结构的实现方法，理解结构嵌套，掌握 continue、break 语句的使用。

☆ 项目要求

本项目拟设计一个福彩双色球摇奖机。根据福利彩票双色球摇奖规则，系统能从 01～33 中随机产生 6 个不同的数(红球)，同时从 01～16 中产生一个数(蓝球)，最终用 6 个红球和 1 个蓝球上的数字(共 7 位)组合出一个中奖号码。要求能连续摇出多期号码，并把期号和摇奖结果显示出来。

☆ 项目内容

根据项目要求，本项目可分解为以下几个任务：

任务 1-1　摇奖结果的显示——实现程序的输出功能。

任务 1-2　摇奖号码的控制——利用选择结构和 C 语言丰富的运算符实现对摇奖号码的控制。

任务 1-3　摇奖号码的连续控制——引入循环结构，实现按相同规则产生多个号码的功能。

任务 1-4　摇奖模式的选择——引入输入函数，实现人机交互功能，使得用户可以干预程序的执行，控制程序的走向。

任务 1-5　双色球摇奖机的设计——综合任务 1-1 到任务 1-4 的知识，完成项目设计。

任务 1-1 摇奖结果的显示

一、任务导读

任何程序都必须有输出显示，通过屏幕能看到程序运行的结果。本项目的第一个任务是讨论程序的输出问题。

本任务涉及 C 程序设计的入门知识。其中包含 C 程序的基本结构，程序输出功能的实现，printf()函数的基本用法和变量的定义及输出。

二、案例讲解

【例 1-1】 显示信息"I love C!!!"。

参考源代码如下：

```
1.    #include "stdio.h"
2.    main()
3.    {
4.        printf("I love C!!!");
5.        getche();
6.    }
```

程序运行结果如图 1-1 所示。

图 1-1 例 1-1 程序运行结果

说明：

(1) 这是最简单的 C 程序，它显示了 C 程序的一些必要特征：必须包含 1 个唯一的 main()函数；函数由若干条语句构成；每条语句以分号"；"结束；函数体由一对花括号"{}"括起来。

(2) 第 1 行为文件预处理命令，stdio 是指 standard buffered input&output，意思是带缓冲的标准输入输出。stdio.h 是一个包括了输入输出函数的文件，用到标准输入输出函数时，就要用预处理命令 #include 将该文件包含进来。本例用到了 stdio.h 中声明的输出函数 printf()，括号里是其参数，该函数的基本功能是原样输出双引号里的普通字符。其详细用法会在本书后面的部分讲到。

(3) 第 5 行调用 stdio.h 文件中声明的 getche()函数，其功能类似于按任意键继续，主要作用是让程序停下来，持续显示结果，直到用户按任意键退出，程序自动关闭返回操作系统。

【例 1-2】 输出一个变量的值。

参考源代码如下：

```
1.    #include "stdio.h"
2.    main()
3.    {
```

```
4.        int x;
5.        x=100;
6.        printf("x=%d",x);
7.        getche();
8.    }
```

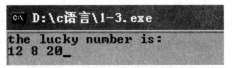

程序运行结果如图 1-2 所示。

图 1-2 例 1-2 程序运行结果

说明：

(1) 相对于例 1-1，本例引入了变量的概念并扩充了 printf() 函数的用法。

(2) 变量在程序设计语言中是一个被广泛使用的术语。变量是一段有名字的连续存储空间。在源代码中通过定义变量来申请并命名这样的存储空间，通过变量的名字来使用这段存储空间。简单来讲，变量有以下属性：变量名、变量类型、变量的值、变量代表的存储空间等。本例中变量名为 x，类型是整型 int，在程序运行期间被赋值为 100，变量占用了内存中 2 个字节的存储空间。

(3) 第 4 行为变量的定义，第 5 行是给变量赋值。C 语言规定可以在定义的同时给变量赋初值，所以第 4、5 行可以合并写成如下形式：

```
int x=100;
```

(4) 第 6 行 printf() 函数中 "x=" 会被原样输出，而 "%d" 会被变量 x 的值替换后输出。"%" 后面的字母表示输出的表达形式，"%d" 表示十进制整数，"%f" 表示浮点数(即小数)。

【例 1-3】 多个摇奖号码的输出显示。

参考源代码如下：

```
1.    #include "stdio.h"
2.    main()
3.    {
4.        int a=12,b=8,c=20;
5.        printf("the lucky number is:\n");
6.        printf("%d %d %d",a,b,c);
7.        getche();
8.    }
```

程序运行结果如图 1-3 所示。

图 1-3 例 1-3 程序运行结果

说明：

(1) 本例在第 4 行同时定义了多个变量，彼此用 "," 隔开，这在 C 语言程序中是常采用的一种做法。当然，也可以用如下方法表示：

```
int a=12;
int b=8;
int c=20;
```

或者写成：

```
int a,b,c;
a=12;b=8;c=20;
```

相比较而言，用本例中给出的方法结构更紧凑，所以一般采用本例的紧凑形式书写代码。

(2) 第 5 行的信息属于友好提示信息，不影响结果的输出，但加上会使程序输出结果更清晰。同时 printf() 函数参数中出现了一个"\n"，其含义是换行输出，从结果中我们很容易看到其作用。

(3) 当有多个变量需要输出值时，printf() 函数的用法如第 6 行所示。为了实现多个值之间的相互间隔输出，在 printf 的参数中多个"%d"之间使用了空格；后面的参数列表中如果有多个变量，之间必须用"，"相互隔开。

(4) 第 6 行如果写成 printf("a=%d ,b=%d ,c=%d",a,b,c); 的形式，请读者自行分析程序输出结果。

(5) printf() 函数的具体用法涉及内容较多，请参见本任务中的扩展阅读。

三、拓展应用

设计一个程序，定义一个 int 型变量保存自己的年龄，再定义一个 float 型变量保存自己的体重，并在第 1 行利用 printf 函数输出自己的姓名的拼音，第 2 行输出自己的年龄，第 3 行输出自己的体重(单位为 kg，并保留两位小数)。

四、扩展阅读

1. 常量和变量

1) 常量

常量是指在程序运行的过程中其值不能被改变的量，如 2、4、-1.6 等。常量一般分为普通常量和符号常量。用一个标识符代表一个常量，这样的标识符称为符号常量，如用 PI 代表 3.141 592 6。

注意：符号常量的值在其作用域内不能改变，也不能再被赋值。如在程序中，对 PI 重新赋值"PI=2;"，这样是不允许的。

2) 变量

C 语言规定：在程序运行过程中其值可以被改变的量称为变量。

标识符指用来标识变量名(一般长度不能超过 8 个字符)、符号常量名、函数名、数组名、类型名和文件名的有效字符序列。它只能由字母、数字和下划线三种字符组成，且第一个字符必须为字母或下划线。如 sum、average、day、month、student、_above、k_1_2_3 和 basic 等都是合法的标识符，也是合法的变量名；而 M.D.John、$123、#33、3D64、a>、-ab 等是不合法的标识符和变量名。

在 C 语言中，要求对所有用到的变量作强制定义，也就是"先定义，后使用"。

2. 整型数据

1) 整型常量

C 语言整型常量可用以下三种形式表示：

(1) 十进制整数：以数字直接开头的常量是十进制数。

(2) 八进制整数：以 0 开头的常量是八进制数。

(3) 十六进制整数：以 0x 开头的常量是十六进制数。

2) 整型变量

(1) 整型变量的分类。

整型变量有基本型、短整型、长整型和无符号型四种，其定义的关键字如下：

① 基本型：以 int 表示，范围为 −32 768～32 767。

② 短整型：以 short int 或 short 表示，范围与基本型相同。

③ 长整型：以 long int 或 long 表示，若一个整型常量后面加上一个字母 l 或 L，则认为是 long int 型常量。长整型变量的范围为 −2 147 483 648～2 147 483 647。

④ 无符号型：在实际应用中变量的值常常是正的，如年龄、工资、成绩等，因此可以将变量定义为"无符号"类型。

无符号型又分为无符号整型、无符号短整型和无符号长整型三种：

无符号整型以 unsigned int 或 unsigned 表示，范围为 0～65 535；

无符号短整型以 unsigned short 表示，范围为 0～65 535；

无符号长整型以 unsigned long 表示，范围为 0～4 294 967 295。

(2) 整型变量的定义。

变量的定义格式如下：

　　　　数据类型　变量表列;

其中若定义多个同类型的变量，则用逗号将多个变量分开。

例如，

　　　　int a,b;　　　　　　　(指定变量 a、b 为整型)

　　　　unsigned short c,d; (指定变量 c、d 为无符号短整型)

　　　　long e,f;　　　　　　 (指定变量 e、f 为长整型)

(3) 整型数据的输入。

整型变量键盘输入是通过 scanf 函数实现的。scanf 函数是数据输入函数，格式如下：

　　　　scanf(格式控制，地址表列);

例如，

　　　　scanf("%d%d",&a,&b);

"格式控制"是用双引号括起来的字符串，由"%"和格式字符组成，作用是将输入数据转换为指定的格式。

对于不同的数据用不同的格式字符。d 格式符用来输入十进制整数。因为本任务中变量 a、b 是整型变量，所以输入时，使用 d 格式符。

&a,&b 中的 & 是地址运算符，&a 是指 a 在内存中的地址。上面 scanf 函数的作用是将 a、b 的值放到 a、b 在内存的地址单元中。

(4) 整型数据的输出。

整型数据的输出用 printf 函数来实现。printf 函数的格式如下：

　　　　printf(格式控制，输出表列);

例如，

　　　　printf("a+b=%d"， c);

printf 函数的"格式控制"和输入函数 scanf 的"格式控制"基本一致；"输出表列"是需要输出的数据或表达式。在输出整型数据时，格式字符如下：

① %d：按整型数据的实际长度输出。

② %md：m 为输出字段的宽度。如果输出数据的位数小于 m，则左端补以空格；若大于 m，则按实际位数输出。例如：

　　　printf("%4d,%4d",a,b);

若 a=123，b=12345，则输出结果为：V123,12345(注：V 表示空格字符，下同)。

③ %ld：输出长整型数据。例如：

　　　long　a=135790;

　　　printf("%8ld",a);

输出结果为：VV135790。一个 int 型数据可以用 %d 或%ld 格式输出。

④ %u：输出 unsigned 型数据，即无符号类型，如 unsigned u;，那么 u 在输出时应该用 u 格式控制符，即输出时应使用语句：

　　　printf("%u",u);

例子：从键盘输入任意一个整数，输出这个数的平方的值。

```
main( )
{
    int a;
    long s;
    scanf("%d",&a);
    s=a*a;
    printf("s=%ld\n",s);
}
```

3．实型数据

1) 实型常量

实数在 C 语言中又称浮点数。实数有两种表示形式：

(1) 十进制数形式。由数字和小数点组成(注意：必须有小数点)。

(2) 指数形式。注意字母 e(或 E)之前必须有数字，且 e(或 E)后面的数必须为整数，如 e3、2.1e3.5、.e3、e 都不是合法的指数形式。

2) 实型变量

已知两个数是实数，那么两数之和与积也必定为实数，所以需要设四个实型变量，分别为 a、b、sum、mul。定义语句为：

　　　float a,b,sum,mul;

C 语言的实型变量分为：

(1) 单精度型(float 型)：一个 float 型数据在内存中占 4 个字节(32 位)。在 Turbo C 中，单精度实数的范围为 $-10^{38} \sim 10^{38}$。单精度实数提供 7 位有效位，绝对值小于 10^{-38} 的数被处理成零值。

(2) 双精度型(double 型)：一个 double 型数据在内存中占 8 个字节。双精度实数的数值范围为 $-10^{308} \sim 10^{308}$。双精度实数提供 15～16 位有效位，具体精确多少位与机器有关，绝对值小于 10^{-308} 的数被处理成零值。

3) 实型数据的输入和输出

实型数据的输入也是用 scanf 函数实现的，格式符使用的是 f 字符，以小数的形式输入数据，也可以使用 e 字符，以指数的形式输入数据，如使用 scanf("%f%f",&a,&b);。

实型数据的输出也是用 printf 函数实现的,格式符使用 f 字符,以小数的形式输出数据。输出时应注意：

%f：不指定字段宽度，整数部分会全部输出，并输出 6 位小数。

%m.n：指定输出数据共占 m 列，其中有 n 位小数。如果数值长度小于 m，则左端补空格。

%-m.n：指定输出数据共占 m 列，其中有 n 位小数。如果数值长度小于 m，则右端补空格。若是双精度型变量输出，应使用 %lf 格式控制，例如：double f;，输出时应使用语句：

```
printf("%lf" ,f);
```

4．字符型数据

1) 字符常量

C 语言的字符常量是用一对单引号括起来的单个字符，如 'a'、'b'、'x'、'D'、'?'、'$' 等都是字符常量。除了这样的字符常量外，C 语言还允许使用一种特殊形式的字符常量，即以一个 "\" 开头的字符序列。例如，前面已经用到，在 printf 函数中的 "\n"，它表示一个 "换行符"。

例子：字符常量的输出。

```
main( )
{
    printf("ab c\n\tde");
}
```

程序运行结果：

```
ab c
    de
```

2) 字符变量

设两个字符型变量 c1 和 c2。定义形式如下：

```
char    c1,c2;
```

它表示 c1 和 c2 为字符型变量，各自可以存放一个字符。可以用下面语句对 c1、c2 赋值：

```
c1='a';    c2='b';
```

因此在内存中一个字符变量只占一个字节。

3) 字符数据的存储形式

字符在内存中存储的不是字符本身，而是它的 ASCII 码，如字符 'a' 的 ASCII 码为 97、'b' 的 ASCII 码为 98，因此字符的存储形式与整数的存储形式是类似的。在 C 语言中，字符型数据和整型数据是通用的。

例子：字符变量的不同输出形式。

```
main( )
{
    char a1,a2;
    a1=97; a2=98;
    printf("%c %c\n",a1,a2);
    printf("%d %d\n",a1,a2);
}
```

程序运行后输出如下：

```
a b
97 98
```

字符型数据和整型数据是通用的，但应该注意，字符数据只占一个字节，它只能存放 0～255 范围内的整数。

例子：大小写字母的转换。

```
main( )
{
    char a1,a2;
    a1='a'; a2='b';
    a1=a1 – 32; a2=a2 – 32;
    printf("%c %c\n",a1,a2);
}
```

程序运行结果为：

```
A   B
```

该程序的作用是将两个小写字母 a 和 b 转换成大写字母 A 和 B。'a' 的 ASCII 码为 97，而 'A' 为 65；'b' 为 98，'B' 为 66。从 ASCII 码表(附表 1)中可以看到，每一个小写字母比其相应的大写字母的 ASCII 码大 32。

4) 字符型数据的输入和输出

例子：用 getchar 和 putchar 函数对字符变量进行输入和输出。

```
#include "stdio.h"
main( )
{
    char c;
    c=getchar( );
    putchar(c);
}
```

程序运行结果：

```
a↙        (输入'a' 后，按回车键)
a         (输出变量 c 的值 'a')
```

注意：getchar()只能接收一个字符，putchar()也只能向终端输出一个字符。在使用 getchar 函数和 putchar 函数时，程序的首部需使用预编译命令 #include "stdio.h"。

例子：用 scanf 和 printf 函数对字符变量进行输入和输出。

```
main( )
{
    char c1,c2;
    scanf("%c%c",&c1,&c2);
    printf("%c%c",c1,c2);
}
```

程序运行结果：

ab↙

ab

在使用 scanf 函数和 printf 函数输入输出字符型数据时，使用 %c 格式控制，用来输入输出单个字符。注意，在用 %c 格式输入字符时，空格将以有效字符输入，如 scanf("%c%c%c",&c1,&c2,&c3);，若输入 aVbVc↙，则将字符 'a' 送给 c1，字符空格 'V' 送给 c2，因为空格也是一个有效字符，字符 'b' 送给 c3。%c 只读入一个字符，如果用空格做间隔就会出现这样的问题。

5) 字符串常量

字符串常量是用双引号括住的字符序列，如 "How do you do"、"CHINA"、"a" 等都是字符串常量。字符串常量可以输出一个字符串，如 printf("How do you do. ");。注意：不要将字符常量与字符串常量混淆。'a' 是字符常量，"a" 是字符串常量，二者不同。

C 语言规定：在每个字符串的结尾加一个"字符串结束标志"，以便系统据此判断字符串是否结束。字符串结束标志为"\0"。"\0" 是 ASCII 码为 0 的字符，从 ASCII 码表中可以看到，ASCII 码为 0 的字符是"空操作字符"，即不引起任何操作。

5. 变量的初始化

变量的初始化就是在定义变量的同时给变量赋予初值。对变量进行初始化可以采用先说明变量的类型，然后再赋值的方法，也可以采用在对变量类型说明的同时给变量赋初值的方法。

(1) 先定义后赋值：

int a,b,c; a=2; b=5; c=10;

(2) 定义和赋值同时进行：

int a=5; short b=10; char c='a'; float d=7.8;

(3) 对几个变量同时赋一个初值：

int a1=10, a2=10, a3=10;

也可以写成：

int　a1, a2, a3; a1=a2=a3=10;

但不可以写成：

int a1=a2=a3=10;

初始化不是在编译阶段完成的，而是在程序运行时执行本函数时完成的，相当于一个赋值语句。例如，int a=10; 相当于 int a; a=10;，又如 int a,b,c=20; 相当于 int a,b,c; c=20;。

任务 1-2　摇奖号码的控制

一、任务导读

程序的执行原则是一条条顺序往下执行。但有时要根据不同的情况做出不同的处理动作，这就需要引入一种重要的结构——选择结构。另外，我们也可以通过 C 语言丰富的运算符对结果做出各种控制。

本任务涉及 if 语句、switch 语句的基本用法以及常见运算符的使用。

二、案例讲解

【例 1-4】　输出两个变量中值较大的那个数。

参考源代码如下：

```
1.    #include "stdio.h"
2.    main()
3.    {
4.        int a=-10,b=6;
5.        int max;
6.        if(a>b) max=a;
7.        else    max=b;
8.        printf("max= %d",max);
9.        getche();
10.   }
```

程序运行结果如图 1-4 所示。

图 1-4　例 1-4 程序运行结果

说明：

(1) 本例主要引入了 if 语句来实现分支流程控制，即实现选择结构。

(2) 第 4 行在定义变量的同时给变量赋予初值，int 类型的变量在内存中占 2 个字节，取值范围是 −32 768～+32 767，所以可以把负数赋给它。变量大小的比较规则和数学上的规则意义相同，即所有正数都比负数大。

(3) 第 6 行的 if 语句中，">" 符号是一个关系运算符，"a>b" 构成一个关系表达式，当 a 的值大于 b 的值时其返回 1(真或成立)，否则返回 0(假或不成立)。

(4) 本例还定义了一个临时变量 max，用于存放变量 a、b 中值较大的那个。随着程序的执行，max 最终的值是 a、b 中值较大的那个。

(5) 第 6、7 行表明了 if 语句的用法，其格式为：

if(条件表达式)　　　　语句 1；

else　　　　　　　　语句 2；

　　程序执行过程为首先判断条件表达式的值,若为非零,则执行语句1;否则执行语句2。总之语句1和语句2中必有一条且只有一条会被执行。C语言的if语句有三种形式:单分支选择if语句、双分支选择if语句和多分支选择if语句。除了if语句,switch语句也可用于分支流程控制,具体用法会在本书后面的部分讲到。例1-4使用了双分支选择if语句。

　　单分支选择if语句结构如下:

　　　　if(条件表达式)　　　　　语句1;

　　多分支选择if语句结构如下:

　　　　if(条件表达式1)　　　　　语句1;

　　　　else if(条件表达式2)　　　语句2;

　　　　else if(条件表达式3)　　　语句3;

　　　　…

　　　　else　　　　　　　　　　语句N;

　　多分支选择if语句结构会对条件逐个测试,直到满足。而各条语句之间是互斥关系,即语句1~N中有且仅有一条语句会被执行。

　　【例1-5】 对3个分数判断等级。分数大于等于90分为A,分数位于90分到70分之间为B,低于70分为C。

　　参考源代码如下:

```
1.   #include "stdio.h"
2.   main()
3.   {
4.       unsigned int score1=96,score2=78,score3=62;
5.       char level;
6.       switch(score1/10)
7.       {
8.           case 10:;
9.           case 9:level='A';break;
10.          case 8:
11.          case 7:level='B';break;
12.          default:level='C';
13.      }
14.      printf("\n%d- Level: %c",score1,level);

15.      switch(score2/10)
16.      {
17.          case 10:;
18.          case 9:level='A';break;
19.          case 8:
20.          case 7:level='B';break;
```

```
21.        default:level='C';
22.     }
23.     printf("\n%d- Level: %c",score2,level);
24.     switch(score3/10)
25.     {
26.        case 10:;
27.        case 9:level='A';break;
28.        case 8:
29.        case 7:level='B';break;
30.        default:level='C';
31.     }
32.     printf("\n%d- Level: %c",score3,level);

33.     getche();
34.  }
```
程序运行结果如图 1-5 所示。

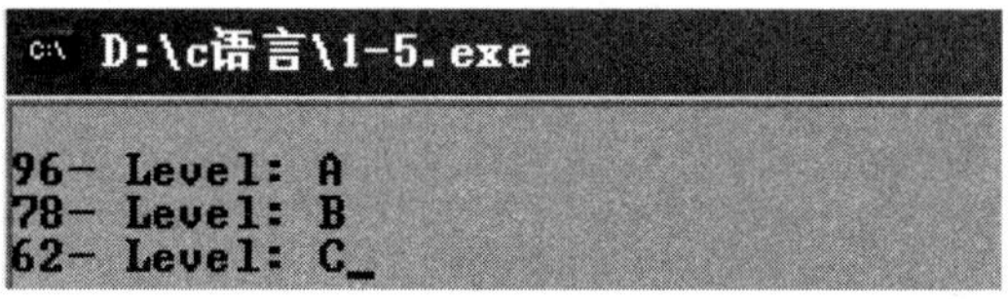

图 1-5　例 1-5 程序运行结果

说明：

(1) 本例主要引入了 switch 语句，用来实现多路分支流程控制。switch 的基本用法如下：

```
switch(表达式)
{
    case   常量 1: 语句 1;
    case   常量 2: 语句 2;
    case   常量 3: 语句 3;
    …
    default: 语句 n;
}
```

switch 语句中表达式的值必须是数值或字符，语句中的常量必须互不相同。switch 语句的执行流程是按照顺序依次测试表达式的值，当表达式的值与某一个常量相等时，就执行常量后面的语句，如果都不相等，则执行 default 后面的语句。需要特别说明的是，switch 结构中多个语句不是互斥关系，当一个条件满足时，后面的语句会顺序执行，而不是退出 switch 结构。所以，在实际应用中通常将 switch 结构改变如下：

```
switch(表达式)
{
    case   常量 1: 语句 1; break;
```

```
        case    常量 2: 语句 2; break;
        case    常量 3: 语句 3; break;
        …
        default: 语句 n;
    }
```

break 语句的作用是退出 switch 结构，所以语句 1、语句 2、语句 3 就变成了一种互斥关系，构成了多路分支选择一路执行的结构。这个和用 if 语句实现的多路分支结构大体相同。

(2) 第 5 行定义了一个 char 类型变量 level，其在内存中占 1 个字节，可以存放 0～255 的数，也可以存放 1 个字符，因为本质上字符在计算机中都是用 ASCII 码值存放的。char 型变量中存放的正是字符对应的 ASCII 码码值。

(3) 对于分数的等级判断，本例使用了一个简单的方法，即用分数除以 10，其结果必然在 0～10，后面用几个 case 语句分别把 A、B、C 三种情况包含进来。

(4) 本例第 14、23、32 行的 printf() 函数的参数中出现了 "\n"，从程序执行结果上我们很容易看出，其作用是从当前位置换行输出。

【例 1-6】 控制摇奖结果，第一次输出一个随机数，第二次输出一个 100 以内的随机数，第三次随机输出一个 100 以内的偶数，第四次以 20%的概率输出一个 10 以内的偶数。

参考源代码如下：

```
1.    #include "stdio.h"
2.    #include "math.h"
3.    main()
4.    {
5.        int x;
6.        x=rand();
7.        printf("\nrandom1: %d",x);

8.        x=rand()%100;
9.        printf("\nrandom2: %d",x);

10.       x=(rand()%50)*2;
11.       printf("\nrandom3: %d",x);

12.       x=rand()%5;
13.       if(x==0)    x=2*(rand()%5);
14.       else        x=1+2*(rand()%5);
15.       printf("\nrandom4: %d",x);

16.       getche();
17.   }
```

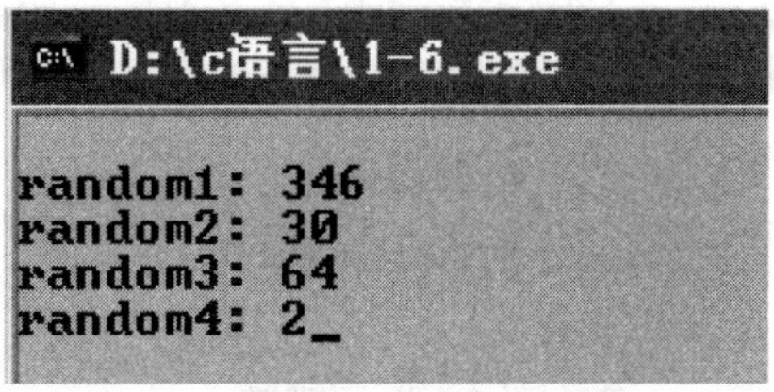

图 1-6　例 1-6 程序运行结果

程序运行结果如图 1-6 所示。

说明：

(1) 第 2 行使用预处理命令 #include 把 math.h 包含了进来，是因为后面程序中用到了其中声明的 rand()函数。rand()函数的功能是产生一个伪随机整数。

(2) 第 6 行 x=rand();语句的作用是使变量 x 获得一个伪随机整数。其取值范围一般是 0～32 767。

(3) 第 8 行用到了一个运算符 "%"，其功能是取余，比如 7%3 的值是 1，18%7 的值是 4。若要得到 100 以内的随机数，用 rand()%100 就可轻松获得。特别需要注意的是，这个 "%" 的功能不同于 printf()中的用法，这个是取余运算符，而 printf()函数中是格式控制，读者在使用时要加以区分。

(4) 第 10 行用(rand()%50)*2 得到一个 100 以内的偶数，这其实是分两步实现的：第一步是得到 50 以内的一个整数，第二步将第一步中得到的整数乘以 2，最后得到一个 100 以内的偶数。这里用到了 "*" 这个符号，其作用是作乘法。在不确定运算符优先级的情况下，可用括号来人为指定优先级。C 语言提供了丰富的运算符，具体内容会在本书后面的部分讲到。

(5) 第 12～14 行为概率控制。第 12 行首先得到一个 0～4 的数，第 13、14 行采用选择结构，根据 x 可能出现的值做出判断。很明显，x=0 的概率为 20%，当满足这个条件时用 2*(rand()%5)产生一个 10 以内的偶数，否则用 1+2*(rand()%5)产生一个 10 以内的奇数。当然，执行 1 次程序的输出可能是奇数也可能是偶数，只有执行多遍以后才会体现出概率问题。

三、拓展应用

(1) 设计一个程序，把摇奖结果控制在 5～10。

(2) 设计一个程序，随机输出 0、1，要求使 1 出现的概率为 80%。

四、扩展阅读

1．运算符与表达式

1) 算术运算符和表达式

例子：已知正方形的长和宽，求正方形的周长。

[分析] 已知正方形的长(a)和宽(b)可以计算周长(l)，正方形的周长公式为：l=2×(a+b)。

```
main( )
{
    int a,b,l;
    a=3;
    b=4;
    l=2*(a+b);
    printf("l=%d\n",l);
}
```

(1) 基本的算术运算符。

+：加法运算符，或正值运算符。

－：减法运算符，或负值运算符。

*：乘法运算符。

/：除法运算符。

%：模运算符，或求余运算符。

注意：两个整数相除结果仍为整数。但是如果相除的两个数中，至少有一个为实数，则结果为实数。%为模运算符要求操作数均为整型数据，如 7%4 的值为 3。

(2) 算术表达式。

用算术运算符和括号将操作数连接起来的，符合 C 语法规则的式子，称 C 算术表达式。在表达式求值时，按运算符的优先级别高低次序执行。例如，10+'a'+1.5 – 8765.12*'b'，应先进行 " * " 乘法运算。需要注意的是，不同类型的数据要先转换成同一类型，然后再进行运算。

(3) 强制类型转换。

可以用强制类型转换运算符将一个表达式转换成所需类型。例如：

(double) a　　　　　　(将 a 转换成 double 类型)

(int)(x+y)　　　　　　(将 x+y 的值转换成整型)

(float)(5%3)　　　　　(将 5%3 的值转换成 float 型)

一般形式为：

(类型名)(表达式)

注意：类型名应用括号括起来，如(int)(x+y)。已知 float x;，对于(int)x，x 仍然是 float 类型，而整个表达式(int)x 为整型。

2) 赋值运算符和赋值表达式

(1) 赋值符号。赋值符号"="就是赋值运算符，用于将一个数据赋给一个变量，如 a=3;。

(2) 类型转换。如果赋值运算符两侧的类型不一致，要进行类型转换。将实型数据赋给整型变量时，应舍弃实数的小数部分。如 i 为整型变量，执行 i=3.56;的结果是使 i 的值为 3。将整型数据赋给实型变量时，数值不变，但以浮点数形式存储到变量中。

(3) 复合的赋值运算符。常用的复合的赋值运算符有以下几种：+=，–=，*=，/=，%=。例如：

a+=3　　　　　　等价于　　a=a+3

x*=y+8　　　　　等价于　　x=x*(y+8)

x%=3　　　　　　等价于　　x=x%3

(4) 赋值表达式。由赋值运算符将一个变量和一个表达式连接起来的式子称为赋值表达式。例如：

a=b=c=5　　　　　　(赋值表达式值为 5，a、b、c 值均为 5)

a=5+(c=6)　　　　　(赋值表达式值为 11，a 值为 11，c 的值为 6)

a=(b=4)+(c=6)　　　(赋值表达式值为 10，a 值为 10，b 等于 4，c 等于 6)

3) 逗号运算符和逗号表达式

逗号运算符可以将两个表达式连接起来。如：3+5，6+8，这样的表达式称为逗号表达式。

逗号表达式的格式为：

表达式 1，表达式 2

逗号表达式的求解过程是：先求解表达式 1，再求解表达式 2。整个逗号表达式的值是表达式 2 的值。例如，a=3*5, a*4; ，先求解 a=3*5，得 a 的值为 15，然后求解 a*4，得 60。整个逗号表达式的值为 60。

4) 关系运算符和关系表达式

(1) 关系运算符及其优先次序。

C 语言提供六种关系运算符：< (小于)、<= (小于或等于)、> (大于)、>= (大于或等于)、== (等于)、!= (不等于)。关系运算符的结合方向是"自左向右"。前四种关系运算符(<、<=、>、>=)的优先级别相同，后两种的优先级别相同。前四种的优先级别高于后两种。例如，">"优先于"=="，而">"与"<"的优先级相同。

关系运算符与算术运算符、赋值运算符的优先级关系如下：

算术运算符(高)→关系运算符(中)→赋值运算符(低)

例如：

a>b+c	等效于	a>(b+c)
a==b<c	等效于	a==(b<c)
a=b>=c	等效于	a=(b>=c)

注意："等于"关系的运算符"=="和"不等于"关系的运算符"!="与数学中的表示方法不同。例如，欲判断 x 是否等于 0，若写成 x=0，则表示把 0 赋值给变量 x，正确的写法为 x==0。

(2) 关系表达式。

用关系运算符将两个表达式(算术表达式、关系表达式、逻辑表达式、赋值表达式、字符表达式等)连接起来的式子，称为关系表达式。如 x>y、a+b<18、'a'<'b' 都为合法的关系表达式。

关系表达式的值是一个逻辑值，即"真"或"假"。在 C 语言中常用 1 表示"真"，用 0 表示"假"。例如，a=5; b=2;，则关系表达式 a>b 为"真"，表达式的值为 1；关系表达式 a==b 为"假"，表达式的值为 0。

可以将关系表达式的运算结果(0 或 1)赋给一个整型变量或字符型变量。如：c=a>b; ，若 a=4;b=1;，则上面的赋值语句是将 1 赋给变量 c，即 c 的值为 1。

例子：试求 x=5>3>1 的值。

[分析] x=5>3>1 相当于 x=(5>3)>1，即 x=(1>1)，因此 x=0。

[说明] 依据关系运算符的优先级别高于赋值运算符。

5) 逻辑运算符和逻辑表达式

(1) 逻辑运算符及其优先次序。

C 语言提供了三种逻辑运算符：! (逻辑非)、(&&)逻辑与、‖ (逻辑或)。逻辑运算的结合方向是"自左向右"。其中，"&&"和"‖"为双目(元)运算符，要求有两个操作数(即运算量)，如(a<b)&&(x<=y),(a<b)‖(x<=y)；"!"是一目(元)运算符，只需一个操作数，如 !a 或 !(a<b)。

优先次序：! (非)→&& (与)→‖ (或)，即"!"的优先级为三者中最高的。注意：逻辑运算符中的"&&"和"‖"低于关系运算符，"!"高于算术运算符。例如：

(a>=b)&&(x>y)

可写成：

a>=b&&x>y;

(a==b)‖(x==y)

可写成

a==b‖x==y

(2) 逻辑表达式。

用逻辑运算符将关系表达式或逻辑量连接起来的式子就是逻辑表达式。例如，a&&b*c、(a+b)‖(c<0)均为逻辑表达式。

逻辑表达式的值：C语言编译系统在给出逻辑运算时，以数值1代表"真"，以0代表"假"，但在判断一个量是否为"真"时，以非0代表"真"，即将一个非0的数值认为是"真"，以0代表"假"。

注意：参与逻辑运算的量不但可以是0和1，或者是0和非0的整数，也可以是任何类型的数据，如字符型、实型或指针型。如果在一个表达式中的不同位置上出现数值，应区分哪些作为数值运算或关系运算的对象，哪些作为逻辑运算的对象。

在逻辑表达式的求解中，并不是所有逻辑运算符都需要执行，有时只需执行一部分运算符就可以得到逻辑表达式的最后结果。例如，x&&y&&z，只有x为真时才需要判断y的值，只要x为假，就立即得出整个表达式为假；x‖y‖z，只要x为真(非0)就不必判断y和z，当x为假时才判断y，x和y都为假才判断z。

2. 选择结构程序设计

选择结构或称分支结构，指对所给定的条件进行判断，然后决定选择执行不同的操作。这部分主要介绍如何用C语言实现选择结构。C语言的选择语句有两类，一类是if语句，另一类是switch语句，这里将分别进行介绍。在介绍选择结构程序设计的同时，还要介绍关系运算符和关系表达式，以及逻辑运算符和逻辑表达式等内容。

1) if语句

if语句是选择结构的一种形式，又称为条件分支语句。它通过对给定条件的判断来决定所要执行的操作。C语言中提供了三种形式的if语句：if、if-else和if-else if。

例子: 比较两个数的大小，将两个数中较大者赋给m。

[分析] 要比较两个数的大小就要用到关系表达式，定义两个变量a、b，如果a>b，则将a的值赋给m；若a<b，则将b的值赋给m。这里我们将用到if语句来实现该项功能。

```
main( )
{
    int a,b,s;
    a=5; b=10;
    if(a>b) m=a;
    else m=b;
    printf("m=%d\n",m);
}
```

程序运行结果：

　　　m=10

[说明] 在该问题中我们使用了 if 语句，通过条件来判断应该执行哪条语句，充分体现出选择结构程序设计的思想。

(1) if 语句的三种形式。

① if 语句。if 语句是条件分支语句最基本的形式。

格式：

　　　if(表达式) 语句;

功能：首先计算表达式的值，若表达式的值为"真"(非 0)，则执行语句；若表达式的值为"假"(0)，则不执行语句。

例如：

　　　if(x>y) printf("%d",x);

② if-else 语句。if-else 语句是条件分支语句的标准使用形式。

格式：

　　　if(表达式) 语句 1;

　　　else　语句 2;

功能：首先计算表达式的值，若表达式的值为"真"(非 0)，则执行语句 1；若表达式的值为"假"(0)，则执行语句 2。

例如：

　　　if(x>y)　　printf("%d",x);

　　　else　　　printf("%d",y);

③ if-else if 语句。前面两种 if 语句一般都用于两个分支的选择结构。对于多个分支选择时，可采用 if-else if 语句。

格式：

　　　if(表达式 1) 语句 1;

　　　else if(表达式 2) 语句 2;

　　　else if(表达式 3) 语句 3;

　　　⋮

　　　else if(表达式 n – 1) 语句 n – 1;

　　　else　语句 n;

功能：首先计算表达式 1 的值，若为"真"(非 0)，则执行语句 1，否则进行下一步判断；若表达式 2 为真，则执行语句 2，否则进行下一步判断……，最后当所有表达式都为假时，执行语句 n。

例如：

　　　if(score>89)　　grade='A';

　　　else if(score>79)　　grade='B';

　　　else if(score>69)　　grade='C';

　　　else if(score>59)　　grade='D';

　　　else　　　　　　grade='E';

关于 if 语句的说明：

if 后面圆括号中的表达式一般是关系表达式或逻辑表达式，用于描述选择结构的条件，但也可以是任意的数值类型表达式(包括整型、实型、字符型、指针型数据表达式)。例如，if(2)　printf("OK!");是合法的，因为表达式的值为 2，非 0，按"真"处理，执行结果输出"OK！"。

在第二种和第三种格式的 if 语句中，每个 else 前面都有一个分号，整个语句结束处也有一个分号。这是由于分号是 C 语句中不可缺少的部分，这个分号是 if 语句中的内嵌语句所需要的。

在 if 和 else 后面可以只含有一个内嵌的操作语句，也可以含有多个操作语句，当有多个操作语句时应用大括号"{ }"将这几个语句括起来，构成一个复合语句。注意：复合语句的"{"和"}"之后不能加分号。

例子：输入两个实数，按代数值由小到大输出这两个数。

```
main( )
{
    float a,b,c;
    scanf("%f,%f",&a,&b);
    if(a>b)
    {
        t=a; a=b; b=t;
    }
    printf("%5.2f,%5.2f",a,b);
}
```

程序运行结果：

　　2.2,-5.7↙

　　-5.70,2.20

(2) if 语句的嵌套。

在 if 语句中，如果包含一个或多个 if 语句，则称为 if 语句的嵌套。要处理多重分支选择结构问题，除了用 if-else if 语句外，还可以利用 if 语句的嵌套来实现。

说明：

① if 和 else 的配对规则为：else 总是与它上面的最近的未配对的 if 配对。

② if 与 else 的个数最好相同，从内层到外层一一对应，以避免出错。

在嵌套内的 if 语句既可以是 if 语句形式，也可以是 if-else 语句形式，但最好使内嵌 if 语句也包含 else 部分。如果 if 与 else 的个数不同，可以用花括号来确定配对关系。例如：

```
if(   )
    {if(   )　语句 1; }
else
    语句 2;
```

这时"{ }"限定了内嵌 if 语句的使用范围，因此 else 与第一个 if 配对。

例子：实现分段函数 x<0，y=−1; x=0，y=0;x>0,y=1;，编写程序，输入一个 x 值，输出一个 y 值。

```
main( )
{
    int x,y;
    scanf("%d",&x);
    if(x<0)    y=-1;
    else   if(x==0)   y=0;
            else    y=1;
    printf("x=%d,y=%d\n",x,y);
}
```

(3) 条件运算符。

条件运算符由两个符号"？"和"："组成，要求有 3 个操作对象，称三目(元)运算符，它是 C 语言中唯一的三目运算符。条件表达式的格式为：

　　　表达式 1? 表达式 2: 表达式 3;

说明：

通常情况下，表达式 1 是关系表达式或逻辑表达式，用于描述条件表达式中的条件，表达式 2 和表达式 3 可以是常量、变量或表达式。例如：

　　　(x==y)?'T': 'F';

　　　(a>b)?printf("%d",a):printf("%d",b);

等均为合法的条件表达式。

条件表达式的执行顺序：先求解表达式 1，若为非 0(真)则求解表达式 2，此时表达式 2 的值就作为整个条件表达式的值。若表达式 1 的值为 0(假)，则求解表达式 3，此时表达式 3 的值就是整个条件表达式的值。例如，min=(a<b)?a:b;的执行结果就是将 a 和 b 二者中较小的值赋给 min。

条件表达式的优先级别仅高于赋值运算符，而低于前面介绍过的所有运算符。因此，min=(a<b)?a:b;可直接写成 min=a<b?a:b;，a>b?a:b+1 则等效于 a>b?a:(b+1)，而不等效于 (a>b?a:b)+1。

条件运算符的结合方向为"自右至左"。例如，x>0?1:x<0?-1:0 等效于 x>0?1:(x<0?-1:0)。

表达式 1、表达式 2 和表达式 3 的类型可以不同，此时条件表达式的值的类型为它们中较高的类型。

例子：输入一个字符，判别它是否为大写字母，如果是，将它转换成小写字母；如果不是，不转换。然后输出最后得到的字符。

```
main( )
{
    char ch;
    printf("Please enter a charcter: \n");
    scanf("%c", &ch);
    ch=(ch>='A' &&ch<='Z' )?(ch+32):ch;
    printf("%c", ch);
}
```

　程序运行结果：

　　Please enter a charcter:

　　A✓

　　a

[说明] 条件表达式中的(ch+32)，其中 32 是小写字母和大写字母 ASCII 码的差值。

2) switch 语句

　　例子：要求按照考试成绩的等级(grade)输出百分制分数段：键入'A'，输出 85～100；键入'B'，输出 70～84；键入'C'，输出 60～69；键入'D'，输出＜60；键入其他任意字符，输出 error。

```
main( )
{
    char grade;
    scanf("%c", &grade);
    switch(grade)
    {
        case    'A': printf("85～100\n");
        case    'B': printf("70～84\n");
        case    'C': printf("60～69\n");
        case    'D': printf("<60\n");
        default: printf("error\n");
    }
}
```

　switch 语句的格式为：

```
    switch(表达式)
    {
        case 常量表达式 1: 语句 1;
        case 常量表达式 2: 语句 2;
                ⋮
        case 常量表达式 n: 语句 n;
        default: 语句 n+1;
    }
```

其中 default 和语句 n+1 可以同时省略。

　说明：

　(1) switch 的表达式通常是一个整型或字符型变量，也允许是枚举型变量，其结果为相应的整数、字符或枚举常量。case 后的常量表达式必须是与表达式对应一致的整数、字符或枚举常量。

　(2) switch 语句中所有 case 后面的常量表达式的值都必须互不相同。

(3) switch 语句中的 case 和 default 的出现次序是任意的。

(4) 由于 switch 语句中的"case 常量表达式"只是起语句标号的作用，而不起条件判断的作用，即"只是开始执行处的入口标号"，因此可以用一个 break 语句来终止 switch。将上面的 switch 结构改写如下：

```
switch(grade)
{
    case   'A': printf("85～100\n"); break;
    case   'B': printf("70～84\n"); break;
    case   'C': printf("60～69\n"); break;
    case   'D': printf("<60\n"); break;
    default: printf("error\n");
}
```

最后一个分支(default)可以不加 break 语句。如果 grade 的值为 'B'，则只输出 "70～84"。

(5) 每个 case 的后面既可以是一个语句，也可以是多个语句，当是多个语句的时候，也不需要用花括号括起来。

多个 case 的后面可以共用一组执行语句，例如：

```
switch(n)
{
    case 1:
    case 2:
        x=10;
        break;
        ⋮
}
```

它表示当 n=1 或 n=2 时，都执行下面两个语句：x=10; break;。

任务 1-3 摇奖号码的连续控制

一、任务导读

计算机的两大主要功能是运算和控制。当程序设计中有大量相似的任务需要处理时，需要用到一种最重要的结构：循环结构。使用循环结构能充分发挥计算机运算速度快的优点，因此在算法设计时我们可以尽量多采用这种结构。

本任务涉及循环结构基本知识以及用 while、for 语句实现循环结构的方法。

二、案例讲解

【例 1-7】 连续输出 26 个英文小写字母。

参考源代码如下：

```
1.   #include "stdio.h"
2.   main()
3.   {
4.       unsigned char x;
5.       x='a';
6.       while(x<='z')
7.       {
8.           printf("%c ",x);
9.           x++;
10.      }
11.      getche();
12.  }
```

程序运行结果如图 1-7 所示。

图 1-7　例 1-7 程序运行结果

说明：

(1) 本例中用到了一个很重要的概念：循环。所谓循环，就是重复做类似的事情，本例中重复输出变量 x 的值，只不过每输出 1 次 x 的值就改变 1 次。

(2) 循环结构一般分成四个部分：变量初始化，循环条件，循环体，变量修正。变量初始化表明从什么位置开始，循环条件表示到哪里结束，循环体表示重复做的事情，变量修正用来记录已经到达的位置。本例中四个部分的具体代码为：

变量初始化：x='a';

循环条件：x<='z'

循环体：printf("%c ",x);

变量修正：x++;

以上四个部分缺一不可，读者可以试试删除其中的一个条件，分析程序执行结果。

(3) 第 6 行的 while 是一条循环控制语句，其用法是：

```
while(条件)
{
    循环体;
}
```

条件在多数情况下是一个条件表达式，如 a>b 或 a==3。当条件满足时，执行循环体，否则退出循环，继续往下执行代码。在编程时要注意循环条件和变量修正之间的配合，否则容易出现死循环的情况。

(4) 循环体可以是一条语句，也可以是多条语句，当需要使用多条语句时，必须用 "{}" 括起来作为一条复合语句。本例的循环体一共执行了 26 次，即从 'a' 到 'z' 一共有 26 个字母。

由于它们相邻 2 个之间的 ASCII 码值相差 1，所以每执行 1 次循环体，变量 x 的值需要修正加 1，表述为 x=x+1;，也可简单写成 x++; 的形式。

【例 1-8】　计算 0+1+2+3+4+…+100 的值。

参考源代码如下：

```
1.   #include "stdio.h"
2.   main()
3.   {
4.        unsigned char i=0;
5.        unsigned int sum=0;
6.        while(i<=100)
7.        {
8.             sum=sum+i;
9.             i++;
10.       }
11.       printf("sum=%d",sum);
12.       getche();
13.  }
```

程序运行结果如图 1-8 所示。

图 1-8　例 1-8 程序运行结果

说明：

(1) 本例中用到了一种简单算法——累加，即在原值的基础上不断加上新值。这是一种简单常用的数据处理方法，结合循环结构可以轻松解决很多问题。比如从 1 累加到 100，一般不会采用如下语句：

　　　　Sum=1+2+3+4+5+…+100;

而是如本例中用计算公式结合循环轻松实现。

(2) 程序的执行过程如下：

循环执行次数	i 的值	sum 的原值	sum 的新值
1	0	0	0
2	1	0	1
3	2	1	3
4	3	3	6
5	4	6	10
⋮			
101	100	4950	5050

可以看出，C 语言并不采用什么技巧来运算，就是发挥计算机处理速度快的特点，通过简单循环累加，很快就会得出结果。

(3) 将第 6 行 while 语句中的条件表达式中的 100 改为任意正整数，即为计算从 0 累加到该数的和。

【例 1-9】　连续摇出 10 个 01～99 的号码。

参考源代码如下：

```
1.    #include "stdio.h"
2.    #include "math.h"
3.    main()
4.    {
5.        unsigned char i,x;
6.        for(i=0;i<10;i++)
7.        {
8.            x=1+rand()%99;
9.            printf("%d ",x);
10.       }
11.       getche();
12.   }
```

程序运行结果如图 1-9 所示。

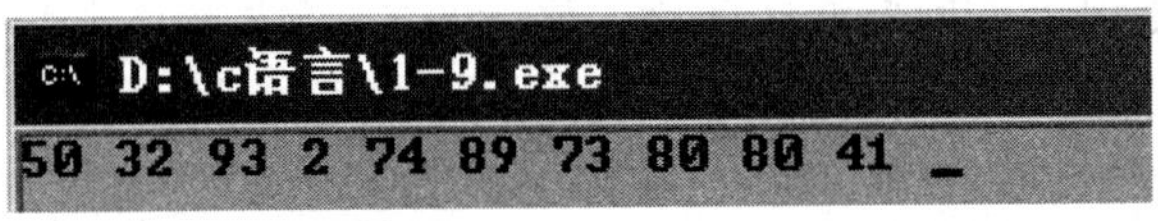

图 1-9　例 1-9 程序运行结果

说明：

(1) 本例用到了一种新的循环控制语句——for 语句。for 语句的一般用法如下：

```
for(表达式 1; 表达式 2; 表达式 3)
{
    循环体语句;
}
```

循环的 4 个组成部分体现如下：

表达式 1：初始化表达式；表达式 2：条件表达式；表达式 3：修正表达式；循环体语句。

可见，循环四要素在 for()语句中显得更为紧凑，而事实上 for 和 while 语句可相互替换，上述 for 语句等价的 while 语句如下：

```
表达式 1;
while(表达式 2)
{
    循环体语句;
    表达式 3;
}
```

(2) 需要注意的是，for 语句中"()"里面的 3 个表达式之间必须用"；"隔开，如果缺省某些表达式，也需要用空位置占位并用"；"隔开，但此时应在程序的其他位置做相应处理，避免程序出现死循环。如写成 for(;;) 则是死循环，这是程序设计应当避免的。

(3) 本例采用"产生一个数，输出一个数"的模式。也可以先把十个数产生好，存放到一个数组中，然后再分别输出。

(4) 01～99 随机数的表达式为 1+rand()%99，这个不难理解，最小为 1(1+0)，最大为 99(1+98)。

三、拓展应用

(1) 设计一个程序，摇出 20 个 0、1 的号码，要求 1 出现的概率为 80%。
(2) 设计一个程序，连续随机输出 01～99 的整数，要求不能出现连号。

四、扩展阅读

循环结构是结构化程序设计的基本结构之一，它与顺序结构、选择结构共同作为各种复杂程序的基本构造单元。C 语言提供了三种循环语句：while、do-while 和 for，这里将分别进行介绍。除此之外，还将介绍 break 语句、continue 语句的使用。

1．while 语句

while 语句用来实现"当型"循环结构。格式为：

```
while (表达式)
{
    语句;
}
```

功能：当表达式的值为非 0 时，执行 while 语句中的语句。

说明：

(1) 循环体如果包含一个以上的语句，应该用大括号括起来，以复合语句的形式出现，否则 while 语句范围只到 while 后面第一个分号处。

(2) 在循环中应有使循环趋向于结束的语句，即设置修改条件的语句。例如，i=i+1;，如果无此语句，则 i 的值一直不变，循环永不结束，这就称为"死循环"。

(3) while 语句的特点是先判断表达式的值，然后执行循环体中的语句。如果表达式的值一开始为假(即值为 0)，则退出循环，并转入下一个语句执行。

例子：求 2+4+8+…+50 的值。

```
main( )
{
    int i=2,sum=0;
    while (i<=50)
    {
        sum=sum+i;
        i=i+2;
    }
    printf("%d",sum);
}
```

程序运行结果：

650

2. do-while 语句

do-while 循环语句用来实现"直到型"循环结构。格式为：

```
do
{
    语句;
} while(表达式);
```

功能：先执行一次指定的循环体语句，然后判断表达式的值，当表达式的值为非 0 时，返回重新执行该语句，如此反复，直到表达式的值等于 0 为止，此时循环结束。

说明：

(1) do-while 语句的特点是：先执行语句，后判断表达式的值。

(2) 如果 do-while 语句的循环体部分由多个语句组成，则必须用大括号将多个语句括起来，使其形成复合语句。

(3) while 圆括号后面有一个分号";"，书写时不要忘记。

例子：用 do-while 循环结构来计算 $1+3+5+\cdots+99$ 的值。

```
main( )
{
    int i=1,sum=0;
    do
    {
        sum=sum+i;
        i=i+2;
    }while (i<=100);
    printf("1+3+5+…+99=%d\n", sum);
}
```

程序运行结果：

1+3+5+…+99=2500

例子：求 $i+(i+1)+(i+2)+\cdots+10(i\leqslant10)$ 的值，其中 i 由键盘输入。

方法一：用 do-while 语句编程。

```
main()
{
    int sum=0, i;
    scanf("%d", &i);
    do
    {
        sum=sum+i;
        i=i+1;
    }while(i<=10);
    printf("%d",sum);
}
```

程序运行情况如下:

  1✓

  sum=55

再运行一次结果为:

  11✓

  sum=11

方法二: 用 while 语句编程。

```
main( )
{
    int sum=0,i;
    scanf("%d",&i);
    while (i<=10)
    {
        sum=sum+i;
        i=i+1;
    }
    printf("%d",sum);
}
```

程序运行情况如下:

  1✓

  sum=55

再运行一次结果为:

  11✓

  sum=0

  显然, 当输入 i 的值小于或等于 10 时, 两个程序运行结果相同; 当 i 大于 10 时, 方法二一次也不执行循环语句, 方法一仍然执行一次循环语句。

  while 语句和 do-while 语句的区别: 当 while 后面的表达式第一次的值为"真"时, 两种循环得到的结果相同; 否则, 二者不相同(指二者具有相同的循环体的情况)。

3. for 语句

for 语句的格式为:

```
for (表达式 1; 表达式 2; 表达式 3)
{
    语句;
}
```

执行过程如下:

(1) 计算表达式 1 的值。

(2) 计算表达式 2 的值, 若其值为真, 则执行循环体一次; 否则跳转到第(5)步。

(3) 计算表达式 3 的值。

(4) 回转到上面第(2)步。

(5) 结束循环，执行 for 语句下面一个语句。

说明：

(1) 表达式 1 一般为赋值表达式，用于进入循环之前给循环变量赋初值。

(2) 表达式 2 一般为关系表达式或逻辑表达式，用于执行循环的条件判定，它与 while、do-while 循环中的表达式作用完全相同。

(3) 表达式 3 一般为赋值表达式或自增(i=i+1 可表示成 i++)、自减(i=i-1 可表示成 i--)表达式，用于修改循环变量的值。

(4) 如果循环体部分是由多个语句组成的，则必须将多个语句用大括号括起来，使其成为一个复合语句。

例子：用 for 循环结构来计算 $1+2+3+\cdots+10$ 的值。

```
main()
{
    int i,sum=0;
    for (i=1; i<=10; i++)
    {
        sum=sum+1;
    }
    printf("1+2+3+…+10=%d\n", sum);
}
```

程序运行结果：

```
1+2+3+…+10=55
```

可以看出，此例的结果与用 while 语句实现的结果完全相同。显然，用 for 语句更为简单、方便。对于以上 for 语句的一般形式也可以改写为 while 循环语句的形式：

```
表达式 1;
while(表达式 2)
{
    循环语句;
    表达式 3;
}
```

例如，以下 for 语句程序段：

```
for (i=1; i<=5; i++)
{
    a=a*i;
    printf("%d%d\n", a, i);
}
```

完全等价于下面的 while 语句程序段：

```
        i=1;
        while (i<=5)
        {
            a=a*i;
            printf("%d%d\n", a, i);
            i++;
        }
```

for 语句表达式的进一步说明：

(1) for 语句的一般形式中的表达式 1 可以省略。但要注意省略表达式 1 时，其后的分号不能省略。此时，应在 for 语句之前给循环变量赋初值。例如，

```
        i=1; for (; i<=100; i++)    sum=sum+i;
```

相当于

```
        for (i=1; i<=100; i++) sum=sum+i;
```

(2) 如果省略表达式 2，即表示表达式 2 的值始终为真，循环将无终止地进行下去。例如，

```
        for (i=1; ; i++)    printf("%d", i);
```

该循环无终止条件，将无限循环输出 1，2，3，4，5，…。

(3) 如果省略表达式 3，也将产生一个无穷循环。因此，程序设计者应另外设法保证循环能正常结束，可以将循环变量的修改部分(即表达式 3)放在循环语句中控制。例如，

```
        for (i=1; i<=100; )
        {
            sum=sum+i;
            i++;
        }
```

上述 for 语句中没有表达式 3，而是将表达式 3(即 i++)放在循环语句中，作用相同，都能使循环正常结束。

(4) 可以同时省略表达式 1 和表达式 3，即省略了循环的初值和循环变量的修改部分，此时完全等价于 while 语句。例如，

```
        while (i<=10)
        {
            printf("%d", i);
            i++;
        }
```

相当于：

```
        for(; i<=10; )
        {
            printf("%d", i);
            i++;
        }
```

(5) 三个表达式都可省略，如 for(; ;)相当于 while(1)，即不设初值，不判断条件(认为表达式 2 为真值)，循环变量不变。无终止地执行循环体。

(6) 在 for 语句中，表达式 1 和表达式 3 也可以使用逗号表达式，即包含一个以上的简单表达式，中间用逗号间隔。在逗号表达式内按从左至右求解，整个表达式的值为其中最右边的表达式的值。例如：

　　　　for(i=1; i<=100; i++, sum=sum+i;)

相当于

　　　　for(i=1; i<=100; i++)　　sum=sum+i;

(7) 在 for 语句中，表达式一般为关系表达式(如 i<=10)或逻辑表达式(如 x>0 ‖ y<-4)，但也可以是其他表达式(如字符表达式、数值表达式)。

(8) for 语句的循环语句可以是空语句。空语句用来实现延时，即在程序执行中等待一定的时间。需要注意的是，延时程序会因为计算机速度的不同而使执行的时间不同。如下面语句为延时程序的例子：

　　　　for(i=1; i<=1000; i++);

注意，以上语句最后的分号不能省略，它代表一个空语句。

4．循环的嵌套

一个循环体内又包含另一个完整的循环结构，称为循环的嵌套。内嵌的循环中还可以嵌套循环，这就是多层循环。三种循环(while 循环、do-while 循环和 for 循环)可以互相嵌套。

例子：利用双重 for 循环结构打印出 9×9 乘法表。

```
main( )
{
    int i, j;
    for(i=1; i<10; i++)
    {
        for(j=1; j<10; j++ )
            printf("%d", i* j );
        printf("\n");
    }
}
```

5．break 语句和 continue 语句

1) break 语句

break 语句格式：

　　　　break;

功能：该语句可以使程序运行时中途跳出循环体，即强制结束循环，接着执行循环下面的语句。

例子：求圆的面积 s。

[分析] 计算半径 r = 1 到 r = 10 的圆面积，直到 s > 100 为止。当 s > 100 时，执行 break 语句，提前终止循环，即不再继续执行其余的几次循环。

```
#define    PI    3.1415926
main( )
{
    int r;
    float s;
    for(r=1; r<=10; r++)
    {
        s=PI*r*r;
        if(s>100)    break;
    }
    printf("s=%f", s);
}
```

说明：

break 语句不能用于循环语句和 switch 语句之外的任何语句。在多重循环的情况下，break 语句只能跳出一层循环，即从当前循环中跳出。

2) continue 语句

continue 语句格式：

```
continue;
```

功能：结束本次循环，即跳过循环体中下面尚未执行的语句，接着进行下一次是否执行循环的判定。

continue 语句和 break 语句的区别是：continue 语句只是结束本次循环，而不终止整个循环的执行；而 break 语句则是强制终止整个循环过程。

例子：打印出数字 0～10，但跳过(即不输出)数字 7。

```
main( )
{
    int i;
    for (i=0; i<=10; i++)
    {
        if(i==7)
            continue;
        printf("%5d", i);
    }
}
```

程序运行结果为：

    0   1   2   3   4   5   6   8   9   10

说明：

当 i=7 时，执行 continue 语句，它的作用是终止本次循环，即跳过 printf 语句，故不输出 7。如果程序中不用 continue 语句，循环体也可以改用另一个语句处理：

```
if(i!=7)    printf("%5d", i);
```

如果在本例中将第 7 行"continue;"语句改为"break;"语句，则输出结果为：

　0　1　2　3　4　5　6

可以清楚地看出，break 语句是终止整个循环过程，它与 continue 语句的作用是截然不同的。

6．几种循环的比较

三种循环都可以用来处理同一问题，一般情况下它们可以互相代替。

while 和 do-while 循环只在 while 后面指定循环条件，在循环体中应包含使循环趋于结束的语句(如 i++; 或 i=i+1;等)。for 循环可以在表达式 3 中包含使循环趋于结束的操作，甚至可以将循环体中的操作全部放到表达式 3 中。因此 for 语句的功能更强，凡用 while 循环能实现的功能，用 for 循环都能实现。

对于循环变量赋初值，while 语句和 do-while 语句一般是在进入循环结构之前完成，而for 语句一般是在循环语句表达式 1 中实现变量的赋值。

while 语句和 for 语句都是先测试循环控制表达式，后执行循环语句；do-while 语句则是先执行循环语句，后测试循环控制表达式。

while 循环、do-while 循环和 for 循环都可以用 break 语句跳出循环，用 continue 语句结束本次循环。

任务 1-4　　摇奖模式的选择

一、任务导读

在前面的例子里已经解决了程序的输出功能，本任务主要解决程序的输入功能，并根据不同输入控制程序产生不同的运行结果，初步实现程序的交互功能。

本任务将会涉及输入函数 scanf()、getchar()的基本用法。另外结合选择结构和循环结构，使程序的交互功能明显增强。

二、案例讲解

【例 1-10】 输入两个变量，输出其中值较大的那个。

参考源代码如下：

```
1.    #include "stdio.h"
2.    main()
3.    {
4.        int x, y, max;
5.
6.        printf("input 2 numbers:\n");
7.        scanf("%d%d", &x, &y);
8.
```

```
9.        if(x>=y)    max=x;
10.       else        max=y;
11.
12.       printf("max=%d ", max);
13.       getche();
14.  }
```

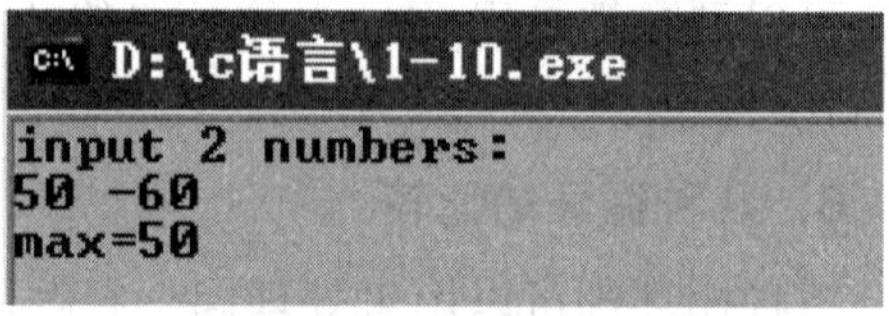

图 1-10　例 1-10 程序运行结果

程序运行结果如图 1-10 所示。

说明：

(1) 本例中使用了输入函数 scanf()来接收用户从键盘输入的信息，其用法和输出函数 printf()类似，需要带参数执行，%d 为输入格式控制。不同的是，后面的变量不能直接使用，需要给出变量的地址，而变量的地址用求地址运算符"&"得到。

(2) 第 6 行的 printf()是一个必要的语句，这使得程序执行过程更清晰，使用者能获得一个友好的提示信息。

(3) 第 9、10 行用了两路分支选择结构，根据变量 x、y 的实际值决定变量 max 的值。

(4) main()函数的函数体大体分成四个部分：第 4 行为变量定义，第 6、7 行为数据输入，第 9、10 行为数据处理，第 12、13 行为数据输出。大多数应用程序都具有这样的结构，我们在程序设计中也应养成良好的编程习惯，可用空行或注释符对源代码做分隔，使得程序可读性增强，本书后面部分限于篇幅就没做类似的分隔。

【例 1-11】　连续摇出 10 个 01～99 的号码，并通过输入数字 0 或者 1 控制摇奖结果的奇偶特性(1 产生奇数，0 产生偶数)。

参考源代码如下：

```
1.   #include "stdio.h"
2.   #include "math.h"
3.   main()
4.   {
5.       unsigned char i, x;
6.       unsigned char c;
7.       printf("input 0 or 1:");
8.       scanf("%d", &c);
9.       for(i=0;i<10;i++)
10.      {
11.          if(c==0)     x=2*(rand()%50);
12.          else if(c==1)   x=1+2*(rand()%50);
13.          printf("%d ", x);
14.      }
15.      getche();
16.  }
```

程序运行结果如图 1-11(a)、(b)所示。

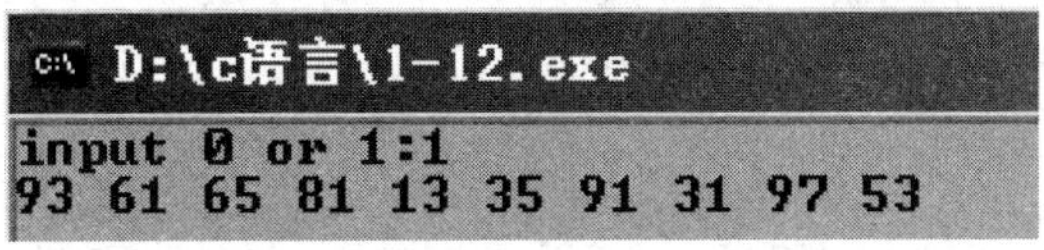

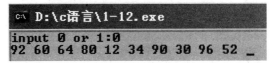

(a) 摇奖结果为奇数

input 0 or 1:0
92 60 64 80 12 34 90 30 96 52 _

(b) 摇奖结果为偶数

图 1-11 例 1-11 程序运行结果

说明：

(1) 本例是多个内容的综合运用，有输入，有输出，同时在循环结构中嵌套了选择结构。

(2) 本例定义了一个 unsigned char 型变量，用来存放输入的 0 或者 1，当然用 unsigned int 效果也相同，不过用 unsigned char 型会提高程序的执行速度，也会节约存储空间。程序设计中应遵循简洁原则，提高代码执行效率。

(3) 本例用的是 if-else if 结构，也可用 switch 结构实现。当然本例也存在一个问题，就是对 0、1 之外的情况没有考虑，这个留给读者自己分析。

【例 1-12】 输入字母"A"产生 1 个 01～33 的数字，输入字母"B"产生 1 个 01～16 的数字，输入字母"Q"则退出程序。

参考源代码如下：

```
1.    #include "stdio.h"
2.    #include "math.h"
3.    main()
4.    {
5.        int x;
6.        unsigned char c;
7.        while(c!='Q')
8.        {
9.            printf("\ninput A, B or Q :");
10.           scanf("%c",&c);
11.           switch(c)
12.           {
13.               case 'A':x=1+rand()%33;printf("%d ",x);break;
14.               case 'B':x=1+rand()%16;printf("%d ",x);break;
15.               default:break;
16.           }
17.           getchar();
18.       }
```

```
19.        printf("The program will quit!");
20.        getche();
21.    }
```

程序运行结果如图 1-12 所示。

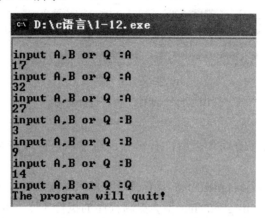

图 1-12　例 1-12 程序运行结果

说明：

(1) 本例实现了一个基本的菜单界面，根据用户不同的输入执行不同的程序。

(2) 第 7 行 while(c!='Q')表示当变量 c 不等于常量 'Q' 时，则一直循环。这是比较常见的一种循环控制方法。当用户按下"Q"时，while 循环终止，系统会自动退出。

(3) switch 结构中变量 c 的值可能是"A"、"B"或者其他，其他情况属于 default，本例不做任何处理。

(4) 第 17 行用到了一个 getchar()函数，其作用是接收第 10 行 scanf()函数多输入的回车符号。

三、拓展应用

(1) 输入 x、y，产生 10 个 x～y 的随机数。

(2) 设计一个简易计算器，要求当输入两个变量和一个运算符时，系统能自动计算并输出运算结果。如输入 23+4，系统输出 27。可接受的运算符应包含加、减、乘、除。

四、扩展阅读

C 语言是国际上广泛流行的一门高级程序设计语言，它具有语言简洁、使用方便灵活、移植性好、能直接对系统硬件和外围接口进行控制等特点。这部分将简要地介绍 C 语言的历史和特色、C 程序结构及 C 程序的开发过程，以便读者对 C 语言有一个概括的认识。

1．C 语言的历史和特色

1) C 语言的历史

1960 年出现了 ALGOL 60。

1963 年和 1967 年，在 ALGOL 60 的基础上推出了 CPL 和 BCPL 语言。

1970 年美国贝尔实验室对 BCPL 语言做了进一步简化，设计了 B 语言，并用 B 语言编写了第一个 UNIX 操作系统。

在 1972 年至 1973 年间，贝尔实验室的 D.M.Ritchie 在 B 语言的基础上设计出了 C语言。

2) C 语言的特色

(1) 简洁紧凑，使用方便灵活。C 语言一共只有 32 个关键字、9 种控制语句，程序书写自由，压缩了一切不必要的成分，语言简练。

(2) 运算符丰富。C 语言有 34 种运算符和 15 个等级的运算优先顺序，使表达式类型多样化，可以实现在其他语言中难以实现的运算。

(3) 数据类型丰富。C 语言的数据类型有整型、实型、字符型、数组类型、指针类型、结构体类型、联合体类型及枚举类型等，能用来实现各种复杂的数据结构的运算。

(4) 模块化结构。C 语言用函数作为程序的模块单位，便于实现程序的模块化，而且便于模块间相互调用及传递数据。

(5) 语法限制少和程序设计自由度大。C 语言允许程序编写者有较大的自由度，放宽了以往高级语言严格的语法检查，较好地处理了"限制"与"灵活"这一对矛盾。

(6) 比较接近硬件。C 语言允许直接访问物理地址，能进行位操作，能实现汇编语言的大部分功能，可以直接对硬件进行操作。

(7) 生成目标代码质量高，程序执行效率高。一般来说，C 程序只比汇编程序生成的目标代码效率低 10%～20%。

(8) 可移植性好。C 程序基本上不做修改就能用于各种型号的计算机和各种操作系统。

2．C 程序结构

下面列出几个简单的 C 程序来说明 C 程序的结构特征。

例子：输出一行信息。

```
main( )
{
    printf("This is first C programme! \n");
}
```

该程序的作用是输出一行信息：This is first C programme!

main 表示"主函数"，函数体用大括号"{}"括起来。本例题中主函数仅包含一条语句，该语句由 printf() 输出函数构成。括号内双引号中的字符串按原样输出；'\n' 是换行符，即在输出" This is first C programme! "后回车换行；语句后面有一个分号，表示该语句结束，这个分号必不可少。

例子：计算两个数之和。

```
main( )                      /*求两个数之和*/
{
    int a ,b,sum;            /*定义 3 个整型变量*/
    a=123;                   /*以下 3 行为 C 语句*/
    b=321;
```

```
        sum=a+b;
        printf("sum is %d\n",sum);
}
```

该程序的作用是求两个整数 a 和 b 之和 sum，并在屏幕上输出 sum。程序中，/*…*/ 表示注释部分，对编译和运行不起作用；第 3 行是变量说明，使用的 a、b 和 sum 为整型(int) 变量；第 4 行和第 5 行是两条赋值语句，使 a 的值为 123，b 的值为 321；第 6 行使 sum 的 值为 a+b；第 7 行的%d 是输入输出的"格式说明"，表示"十进制整数类型"，printf 函数 中括号内最右端的 sum 是要输出的变量，当然它的值为 444。

例子：比较两个数的大小。

```
/*主函数功能：输入两个整数，判断后输出较大的数*/
main( )
{
        int a ,b,c;                     /*定义 3 个整型变量*/
        scanf("%d,%d",&a,&b);          /*输入变量 a 和 b 的值*/
        c=max(a,b);
        printf("max= %d\n",c);         /*输出 c 的值*/
}
/*定义 max()函数，函数值为整型，x、y 为形式参数，且为整形变量*/
int max (int x,int y)
{
        int z;                          /*定义 main()函数内部用到的变量 z 为整数*/
        if(x>y)
            z=x;                        /*将 x、y 中较大的值赋给 z */
        else
            z=y;
        return(z);                     /*将 z 值返回。通过 max()函数带回调用处*/
}
```

该程序的作用是从键盘输入两个整数，然后在屏幕上输出它们中较大的数。

程序的第 5 行是调用 max()函数,在调用过程中将实际参数 a 和 b 的值分别传递给 max() 函数中的形式参数 x 和 y，然后得到一个返回值(z 的值)，并把这个值赋给变量 c。

程序运行情况如下：

```
2，8 ✓
max=8
```

从以上几个例题可以看到 C 程序的结构特征如下：

(1) C 程序是由函数构成的。一个 C 程序至少有一个 main()函数,也可以包含一个 main() 函数和若干个其他函数。

(2) 一个函数有两部分构成，分别是函数说明部分和函数体。函数说明部分，即函数 的第一行，包括函数类型、函数名、形参类型、形参名。函数体是由一对大括号"{}"括 起来的语句集合。函数体一般包括声明部分和执行部分。声明部分用于定义所用到的变量，执行部分由若干语句组成。

(3) 一个 C 程序总是从 main() 函数开始执行，而不管 main() 在源程序中的位置，执行完主函数中的所有语句后，程序就结束。

(4) 每条语句和变量定义的最后必须要有一个分号，分号是 C 语句的必要组成部分。

(5) C 语言本身没有提供输入和输出语句，输入输出操作是通过 scanf()、printf() 等函数来实现的。

(6) C 语言用 /*…*/ 对程序进行注释，/ 和 * 之间不允许留有空格，/* 和 */ 应当一一对应匹配，注释部分允许出现在程序中的任何位置上。程序中加一些注释可以增加其可读性。

3．C 程序的开发过程

用 C 语句编写的程序称为源程序。一般 C 程序开发要经历四个基本步骤：

(1) 编辑。使用字处理软件或编辑工具将源程序以文本文件的形式保存到磁盘中，源程序文件名由用户自己选定，但扩展名必须为 ".c"。

(2) 编译。编译的功能就是调用 "编译程序"，将已编辑好的源程序翻译成二进制的目标代码。如果源程序没有语法错误，将产生一个与源程序同名、以 ".obj" 为扩展名的目标程序。

(3) 连接。编译后产生的目标程序往往形成多个模块，还要和库函数进行连接才能运行，连接过程是使用系统提供的 "连接程序" 运行的。连接后产生以 ".exe" 为扩展名的可执行程序。

(4) 运行。可执行程序生成后，就可以在操作系统的支持下运行。若执行结果达到预期的目的，则开发工作到此完成；否则，要进一步地验证以上过程以取得最终的正确结果。

任务 1-5　双色球摇奖机的设计

一、设计要求

设计一个福彩双色球摇奖机。根据福利彩票双色球摇奖规则，系统能从 01～33 中随机产生 6 个不同的数(红球)，同时从 01～16 中产生 1 个数(蓝球)，最终用 6 个红球和 1 个蓝球上的数字(共 7 位)组合出一个中奖号码。要求能连续摇出多期号码，并把期号和摇奖结果显示出来。

二、方案论证

根据设计要求，要产生随机数，调用系统伪随机函数 rand() 很容易实现；要随机产生 6 个数，用循环结构或可重复执行代码也容易实现；要显示期号，只需要用到一个计数变量即可。设计的难点在于如何使产生的 6 个数(红球)各不相同。下面讨论该问题的一般处理方法。

方法一：把新产生的号码和前面已经产生的号码依次做比较，如果相同就舍弃并重新产生，若不同则保留。

方法二：建立一个一维数组 temp[33]，里面依次存放 01~33。然后产生一个 0~32 的随机序列号，用这个序列号作为指针到 temp 数组中去取数，取完后就将 temp 数组中相应位置清零。如果取到的是 0 则表明该位置已经取过，则本次取数无效。本方法必须用到一种构造数据类型——数组。就实现方法而言，该方法更简单，但考虑读者初次学习 C 语言，本设计采用方法一。

综上分析，为使问题简化，可将本项目的解决方法分解成多个步骤：

(1) 连续随机产生 1 个 01~33 的整数。

(2) 连续随机产生 6 个 01~33 的整数作为红球。

(3) 连续随机产生 6 个 01~33 的整数作为红球，并使 6 个红球互不相同。

(4) 添加期号控制变量，连续产生 6 个互不相同的红球同时产生 1 个 01~16 的数作为蓝球。

三、系统实现

根据上述思路，各步骤实现方法如下：

(1) 随机产生 1 个 01~33 的整数。参考源代码如下：

```
1.   #include "stdio.h"
2.   #include "stdlib.h"
3.   main()
4.   {
5.       int temp;
6.       while(1)
7.       {
8.           printf("\nredball: ");
9.           temp=1+rand()%33;
10.          printf("%02d \n",temp);
11.          getche();
12.      }
13.  }
```

程序运行结果如图 1-13 所示。

图 1-13　随机产生 1 个 01~33 的整数

说明：

通过第 11 行的 getche()函数和第 6 行的 while 结构，系统实现了每按一次键，随机产生一个 01～33 的整数。第 10 行的 printf()函数的格式控制用到了"%02d"，表示保留 2 位有效数字，不够的补 0。读者可自行修改程序，查看执行效果。

(2) 随机产生 6 个 01～33 的整数作为红球。参考源代码如下：

```
1.   #include "stdio.h"
2.   #include "stdlib.h"
3.   main()
4.   {
5.       int a,b,c,d,e,f;
6.       while(1)
7.       {
8.           a=1+rand()%33;
9.           b=1+rand()%33;
10.          c=1+rand()%33;
11.          d=1+rand()%33;
12.          e=1+rand()%33;
13.          f=1+rand()%33;
14.          printf("\nredball: ");
15.          printf("%02d %02d %02d %02d %02d %02d\n",a,b,c,d,e,f);
16.          getche();
17.      }
18.  }
```

程序运行结果如图 1-14 所示。

图 1-14　随机产生 6 个 01～33 的整数作为红球

说明：

细心的读者可以看出，本次产生的前面 6 个随机数和图 1-13 中的随机数是一致的，这说明 rand()产生的是伪随机数，不是严格意义上的随机数。在读者具备了一定知识的基础上可查阅资料，解决这个问题。同时图 1-14 中第二行的输出结果出现了两个数相同的情况，这是我们下一步要解决的问题。

(3) 使 6 个红球互不相同。参考源代码如下：

```
1.   #include "stdio.h"
2.   #include "stdlib.h"
3.   main()
4.   {
5.       int a,b,c,d,e,f;
6.       while(1)
7.       {
8.           a=1+rand()%33;
9.           do
10.          {
11.              b=1+rand()%33;
12.          }while(b==a);

13.          do
14.          {
15.              c=1+rand()%33;
16.          }while(c==a || c==b);

17.          do
18.          {
19.              d=1+rand()%33;
20.          }while(d==a || d==b || d==c);

21.          do
22.          {
23.              e=1+rand()%33;
24.          }while(e==a || e==b || e==c || e==d);

25.          do
26.          {
27.              f=1+rand()%33;
28.          }while(f==a || f==b || f==c || f==d || f==e);
29.          printf("\nredball: ");
30.          printf("%02d %02d %02d %02d %02d %02d\n",a,b,c,d,e,f);
31.          getche();
32.      }
33.  }
```

程序运行结果如图 1-15 所示。

图 1-15 随机产生 6 个互不相同的红球

说明:

本例用到了一种特殊的循环结构——do while 结构。和 while 结构相比,差别在于:do while 结构先执行再判断,而 while 结构是先判断再执行。在本例中,每产生 1 个随机数,就将其和前面已经产生的各个数做比较,如果相同则重新产生。

条件表达式(e==a ‖ e==b ‖ e==c ‖ e==d)的含义是判断变量 e 是否和变量 a、b、c、d 中的任意一个相等,如果相等,则满足条件,继续循环。"=="是关系运算符中的等于,"‖"是逻辑运算符中的或运算。关系运算符的优先级高于逻辑运算符。

(4) 添加期号控制变量,设计系统界面,完善功能。参考源代码如下:

```
1.    #include "stdio.h"
2.    #include "stdlib.h"
3.    main()
4.    {
5.        int a,b,c,d,e,f;
6.        int m;
7.        int number=1;
8.        while(1)
9.        {
10.           printf("\nNO.%03d------",number++);
11.           printf("redball: ");
12.           a=1+rand()%33;
13.           do
14.           {
15.               b=1+rand()%33;
16.           }while(b==a);
17.           do
18.           {
19.               c=1+rand()%33;
20.           }while(c==a ‖ c==b);
21.           do
22.           {
23.               d=1+rand()%33;
24.           }while(d==a ‖ d==b ‖ d==c);
```

```
25.              do
26.              {
27.                      e=1+rand()%33;
28.              }while(e==a || e==b || e==c || e==d);
29.              do
30.              {
31.                      f=1+rand()%33;
32.              }while(f==a || f==b || f==c || f==d || f==e);
33.              printf("%02d %02d %02d %02d %02d %02d",a,b,c,d,e,f);
34.              m=1+rand()%16;
35.              printf("      blueball: %02d\n",m);
36.              getche();
37.          }
38.  }
```

程序运行结果如图 1-16 所示。

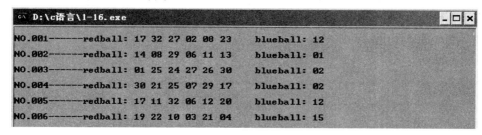

图 1-16　简易双色球摇奖机最终效果图

说明：

本例如果使用数组结合循环的方法可使得项目实现变得简洁，感兴趣的读者可参考后面相关内容对程序进行修改。

至此，整个项目的设计全部完成。

四、课外拓展提高

(1) 将产生的 6 个红球按升序排序后再输出。

(2) 修改程序，使每次产生号码后对固定的一组号码(如 02 06 10 17 19 30 08)根据双色球中奖规则自动判断中奖等级。

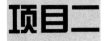

学生成绩管理系统

☆ 知识技能

(1) 能灵活运用 C 语言中的各种分支结构和循环语句编写程序；

(2) 学会使用数组进行编程；

(3) 能对数组元素进行输入输出操作及简单的数据处理操作；

(4) 学会函数的定义、调用，并能通过函数进行模块化程序设计。

☆ 项目要求

设计一个学生成绩管理系统，对学生的姓名、学号、各科成绩进行管理。具体包含以下功能：

(1) 用键盘输入学生信息；

(2) 按键选择相应操作；

(3) 具有查找、排序、统分、修改等功能；

(4) 增加一个功能，找出某科分数低于该科平均分的学生信息；

(5) 在学生信息中增加一门课程，改进该系统。

☆ 项目内容

根据项目要求，可分解为以下几个任务：

任务 2-1 单科成绩的录入和显示—— 一维数组的输入输出方法。

任务 2-2 单科成绩的数据处理——均值、极值、排序、查找等数据处理方法。

任务 2-3 学生姓名的录入和显示——二维数组的输入输出方法。

任务 2-4 学生各科成绩的处理——二维数组的数据处理方法。

任务 2-5 成绩管理系统模块化处理——函数的基本运用。

任务 2-6 成绩管理系统设计。

任务 2-1　单科成绩的录入和显示

一、任务导读

对于学生成绩管理系统的设计，首先就要求能够批量输入和显示学生成绩。要实现本任务就要了解以下知识：

(1) 什么是数组。

(2) 一维数组应如何输入输出。

(3) 字符数组的输出方法有哪些。

二、案例讲解

【例 2-1】 设计程序输入 5 个数分别赋给 5 个同类型的变量并倒序输出。

参考源代码如下：

```
1.    #include"stdio.h"
2.    main()
3.    {
4.        int a1,a2,a3,a4,a5;
5.        scanf("%d%d%d%d%d",&a1,&a2,&a3,&a4,&a5);
6.        printf("%d %d %d %d %d",a5,a4,a3,a2,a1);
7.        getche();
8.    }
```

程序运行结果如图 2-1 所示。

图 2-1　例 2-1 程序运行结果

若要求输入 100 个数据，采用本例中的处理方法即要定义 100 个变量，程序太冗长。在程序设计中，为了处理方便，把具有相同类型的若干变量按有序的形式组织起来，这些按序排列的同类数据元素的集合称为数组。

【例 2-2】 设计程序输入 5 个数赋给一个数组并倒序输出。

参考源代码如下：

```
1.    #include"stdio.h"
2.    main()
3.    {
4.        int a[5];
5.        int i;
```

```
6.        for(i=0;i<5;i++)
7.        {
8.            scanf("%d",&a[i]);
9.        }
10.       for(i=4;i>=0;i--)
11.       {
12.           printf("%d ",a[i]);
13.       }
14.       getche();
15.   }
```

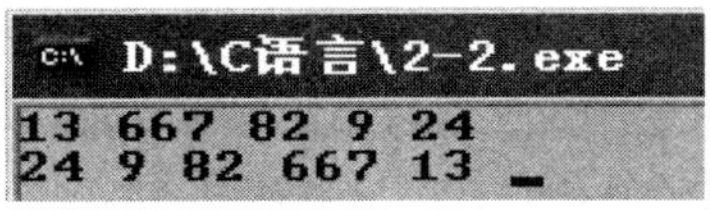

图 2-2　例 2-2 程序运行结果

程序运行结果如图 2-2 所示。

说明：

(1) 第 4 行定义了一个数组，其中 a 为数组名，后接 [ ]，[ ] 中数据 5 为该数组元素的个数。数组在定义时需要进行类型说明，如本例中的 int 表示整型数组，即数组中每个元素都是整型数据。数组元素编号是从 0 开始，如本例中数组 a 的元素依次为 a[0]，a[1]，a[2]，a[3]，a[4](注意没有 a[5])。一般不能直接对整个数组进行操作，只能对其中某一个元素进行操作(赋值、运算等)。

(2) 第 6～9 行利用 for 循环输入数组中的各元素即 a[0]～a[4]，元素间用空格隔开。若不用 scanf 函数对数组进行输入，而是在程序中对数组元素进行赋值有两种方法：一是定义的同时对数组进行初始化，如 int a[5]={2,115,33,6,91};，元素间用逗号隔开；二是对每个元素分别赋值，如 a[0]=2;a[3]=33;。(注意：非初始化时不可用 {} 对数组整体赋值，即 a[5]={2,115,33,6,91}; 为错误语句。)

(3) 第 10～13 行利用 for 循环输出数组中的各元素。(注意"%d"后面有一个空格，用于将输出的各元素隔开。)

【例 2-3】　设计程序将某学生的姓名(LiuYi)存入一维数组后输出。

参考源代码如下：

```
1.    #include"stdio.h"
2.    main()
3.    {
4.        int i;
5.        char name[15]={'L','i','u','Y','i'};
6.        for(i=0;i<15;i++)
7.        {
8.            printf("%c",name[i]);
9.        }
10.       getche();
11.   }
```

图 2-3　例 2-3 程序运行结果

程序运行结果如图 2-3 所示。

说明：

(1) 第 5 行用 char 定义了一个字符数组 name 并进行了初始化赋值。{} 内为数组中的各字符，每个字符需用单引号括起来。也可以对数组中的元素分别赋值，如 name[0]='L';。

(2) 若数组长度小于 {} 中初值个数，则按语法错误处理；若数组长度大于 {} 中初值个数，则只将这些字符赋给数组中前面那些元素，剩余的元素自动定义为空字符(\0)。如此例中 name[5]～name[14] 自动定义为 \0。

(3) 由于多个字符可看做一个字符串，初始化时也可用字符串对数组进行赋值。如第 5 行可改为 char name[15]={ "LiuYi" };。

(4) 第 6～9 行用 for 循环输出字符数组时，由于 name[5]～name[14] 为空字符 "\0"，所以显示出来为空。也可将整个数组看做字符串用 %s 输出，如第 6～9 行可改为一条语句 printf("%s",name);，由于是整体输出只给出数组名即可。

【例 2-4】 设计程序输入某学生的姓名(拼音)并输出。

参考源代码如下：

```
1.    #include"stdio.h"
2.    main()
3.    {
4.        char name[20];
5.        printf("please inter the name:");
6.        scanf("%s",name);
7.        printf("the student's name is ");
8.        printf("%s",name);
9.        getche();
10.   }
```

程序运行结果如图 2-4 所示。

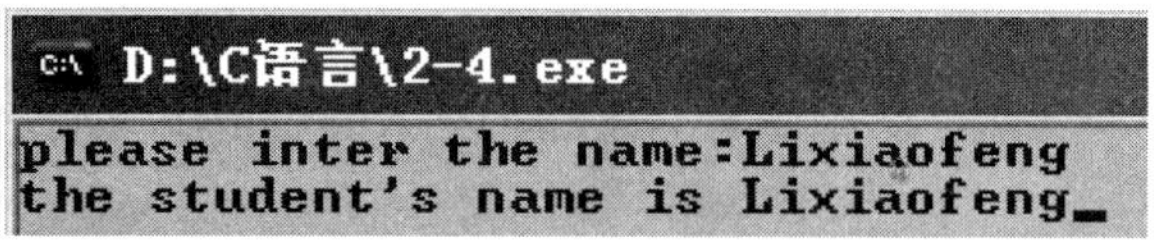

图 2-4 例 2-4 程序运行结果

说明：

(1) 第 6 行将字符数组看做字符串输入时只需给出数组名，不能将 & 符号加在 name 前。

(2) 在输入字符串时以空格或回车结束。

三、拓展应用

(1) 设计程序生成数组 k[50]，其中 k[i]=i。

(2) 输入两个学生的学号(8 位)分别存入数组 number1 和 number2 中并输出。

四、扩展阅读

1. 数组的定义

在程序设计中，为了处理方便，通常把相同类型的若干变量按有序的形式组织起来。

这些按序排列的同类数据元素的集合称为数组。在 C 语言中，数组属于构造数据类型。一个数组可以分解为多个数组元素，这些数组元素可以是基本数据类型或是构造类型。因此按数组元素的类型不同，数组又可分为数值数组、字符数组、指针数组、结构数组等多种类型。

本部分介绍数值数组和字符数组，其余类型的数组会在后面的部分陆续介绍。

在 C 语言中使用数组必须先进行类型说明。数组说明的一般形式为

> 类型说明符 数组名 [常量表达式]，…;

其中，类型说明符可以是任意一种基本数据类型或构造数据类型；数组名是用户定义的数组标识符；方括号中的常量表达式表示数组元素的个数，也称为数组的长度。

例如：

```
int a[10];          整型数组 a，有 10 个元素
float b[10],c[20];  实型数组 b，有 10 个元素；实型数组 c，有 20 个元素
char ch[20];        字符数组 ch，有 20 个元素
```

对于数组类型说明应注意以下几点：

(1) 数组的类型实际上指数组元素的取值类型。对于同一个数组，其所有元素的数据类型都是相同的。

(2) 数组名的书写规则应符合标识符的书写规定。

(3) 数组名不能与其他变量名相同。

(4) 方括号中的常量表达式表示数组元素的个数，如 a[5] 表示数组 a 有 5 个元素。但是其下标从 0 开始计算，因此 5 个元素分别为 a[0],a[1],a[2],a[3],a[4]。

(5) 不能在方括号中用变量来表示元素的个数。

(6) 允许在同一个类型说明中，说明多个数组和多个变量。

2．数组元素的表示方法

数组元素是组成数组的基本单元。数组元素也是一种变量，其标识方法为数组名后跟一个下标。下标表示了元素在数组中的顺序号。数组元素的一般形式为：数组名[下标]，其中的下标只能为整型常量或整型表达式，如为小数时，C 编译将自动取整。例如，a[5]、a[i+j]、a[i++] 都是合法的数组元素。

数组元素通常也称为下标变量。必须先定义数组，才能使用下标变量。在 C 语言中只能逐个地使用下标变量，而不能一次引用整个数组。例如，输出有 10 个元素的数组必须使用循环语句逐个输出各下标变量：

```
for(i=0; i<10; i++)   printf("%d",a[i]);
```

而不能用一个语句输出整个数组，如 printf("%d",a); 是错误的写法。

任务 2-2   单科成绩的数据处理

一、任务导读

在了解了学生成绩的输入和显示后，需要对学生成绩进行处理，比如找出最高分、求

出平均分等。要实现本任务就要了解以下知识：

(1) 一维数组的初始化赋值方法。

(2) 对数组数据进行查找、排序等处理的方法。

二、案例讲解

【例2-5】 从一个含 10 个元素的整型数组中找出最大值和最小值，并求出平均值。

参考源代码如下：

```
1.   #include"stdio.h"
2.   #define N 10
3.   main()
4.   {
5.       int a[N]={32,16,225,3,75,56,98,45,109,15},i;
6.       int max,min;
7.       float avrg=0;
8.       for(i=0,max=a[0],min=a[0];i<N;i++)
9.       {
10.          if(a[i]>max)    max=a[i];
11.          if(a[i]<min)    min=a[i];
12.          avrg+=a[i];
13.      }
14.      avrg=avrg/N;
15.      printf("max=%d,min=%d,avrg=%3.2f",max,min,avrg);
16.      getche();
17.  }
```

程序运行结果如图 2-5 所示。

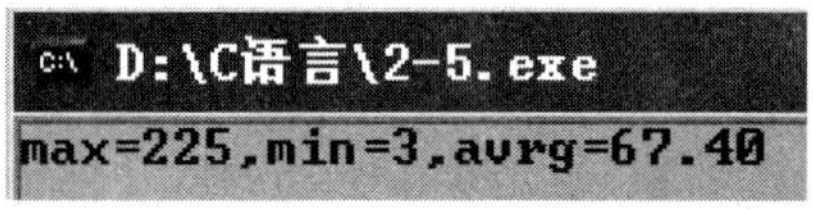

图 2-5 例 2-5 程序运行结果

说明：

(1) 数组初始化赋值的一般形式为：

类型说明符 数组名[常量表达式]={值，值，…，值}；

(2) 第 2 行为宏定义语句，表示程序中所有的 N 相当于 10。这样定义后若数组长度发生了变化则只需改变第 2 行中的 10 即可，使程序通用性更强。

(3) 第 10 行是将数组中的每个元素依次和 max 比较，若大于 max，则改变 max 为当前元素值；否则不改变 max 值。循环完成后即可找出数组元素的最大值，同理可得最小值。

(4) 平均值一般包含小数部分，在定义时须将其定义成 float 型。第 12 行是将每个数组元素值累加到 avrg 中，循环完成后 avrg 中为数组元素之和。

(5) 第 15 行中%3.2f 表示输出 float 型数值，其中整数部分取 3 位有效值，小数部分取 2 位。

练习：从一个含 10 个元素的整型数组中找出最大值元素及其对应序号并输出。

【例 2-6】　将一个整型数组中的 10 个元素从大到小进行排序。

参考源代码如下：

```
1.   #include"stdio.h"
2.   #define N 10
3.   main()
4.   {
5.       int a[N]={77,46,247,-13,95,-51,12,68,-78,1};
6.       int i,j,temp,flag;
7.       for(i=0;i<N-1;i++)
8.       {
9.           flag=1;
10.          for(j=0;j<N-1-i;j++)
11.          {
12.              if(a[j]<a[j+1])
13.              {
14.                  temp=a[j];
15.                  a[j]=a[j+1];
16.                  a[j+1]=temp;
17.                  flag=0;
18.              }
19.          }
20.          if(flag)   break;
21.      }
22.      for(i=0;i<N;i++)   printf("%d ",a[i]);
23.      getche();
24.  }
```

程序运行结果如图 2-6 所示。

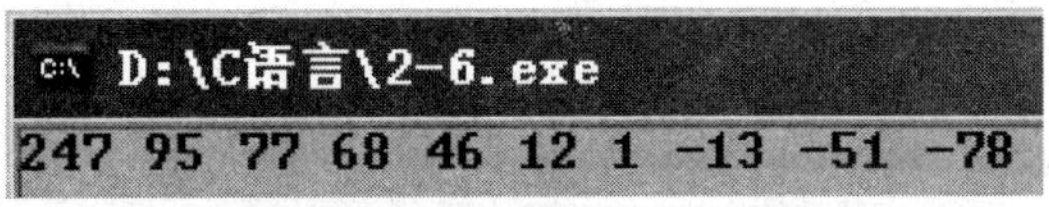

图 2-6　例 2-6 程序运行结果

说明：

(1) 第 7～21 行通过双重循环对数组进行排序。其中内层循环为 10～19 行，j 为比较次数，作用是从第一个元素开始依次对连续两个元素进行比较，若前一个数小于后一个数则交换两个元素，循环完成后最小的元素将被放到最后。

(2) 外层循环变量 i=0 时，将最小的元素放入 a[N − 1]，比较次数为 N − 1 次，完成后 i 自加 1 再执行一轮内层循环；此时不用再与最后一个元素进行比较，所以 j 的取值范围只取到 N − 1 − i；i=1 时，将最小的元素放入 a[N − 2]；……如此循环，当 i=N − 2 时，内层循环将 a[0] 和 a[1] 中小的元素放入 a[1] 则可完成排序。

(3) flag 变量为一个标志，表示本轮内层循环是否发生了数据变换。第 9 行在每次内层循环进入前对 flag 置 1，第 17 行在交换元素时对 flag 清 0，即若有任意两个元素交换了位置，则 flag=0，否则 flag=1。若某次内层循环无元素交换(flag=1)，则数组排序实际上已经完成，此时无需继续后面的循环，可退出双重循环。第 20 行通过 flag 来判断是否退出，break 语句的作用是退出语句所在层的循环。

(4) 该排序方法称为冒泡排序法，是排序时常用的一种方法。

【例 2-7】 查找出某学生成绩在一组学生成绩中的名次。

参考源代码如下：

```
1.   #include<stdio.h>
2.   #define N 12
3.   main()
4.   {
5.       int i,j,temp,flag,myscore,n;
6.       int score[N]={98,68,84,55,92,90,53,73,88,64,97,71};
7.       scanf("%d",&myscore);
8.       for(i=0;i<N-1;i++)
9.       {
10.          flag=1;
11.          for(j=0;j<N-1-i;j++)
12.          {
13.              if(score[j]<score[j+1])
14.              {
15.                  temp=score[j];
16.                  score[j]=score[j+1];
17.                  score[j+1]=temp;
18.                  flag=0;
19.              }
20.          }
21.          if(flag)break;
22.      }
23.      n=1;
24.      for(i=0;i<N;i++)
25.      {
26.          if(score[i]>myscore)n++;
27.          else break;
```

28.　　　　}
29.　　　printf("the number is %d",n);
30.　　　getche();
31. }

程序运行结果如图 2-7 所示。

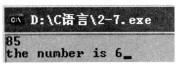

图 2-7　例 2-7 程序运行结果

说明：

(1) 第 8～22 行先对数组进行排序，第 23 行对名次 n 赋初值为 1，若 score 中有 M 个元素比 myscore 大，则 n 自加 M 次，循环完成后名次 n 为 M + 1。

(2) 第 27 行表示若 score[i] 不大于 myscore 时则可退出循环，因为数组已经按从大到小排序，后面的元素必定也小于 myscore，不必再继续循环，用 break 退出。

三、拓展应用

从一组学生成绩中找出 90 分以上及 60 分以下的学生成绩和序号。

四、扩展阅读

C 语言对数组的初始赋值还有以下几点规定：

(1) 可以只给部分元素赋初值。当 { } 中值的个数少于元素个数时，只给前面部分元素赋值。例如，int a[10]={0,1,2,3,4}; 表示只给 a[0]～a[4] 这 5 个元素赋值，而后 5 个元素自动赋 0 值。

(2) 只能给元素逐个赋值，不能给数组整体赋值。例如，给 10 个元素全部赋 1 值，只能写为 int a[10]={1,1,1,1,1,1,1,1,1,1};，而不能写为 static int a[10]=1;。

(3) 如不给可初始化的数组赋初值，则数组中全部元素均为 0 值。

(4) 如给全部元素赋值，则在数组说明中，可以不给出数组元素的个数。例如，int a[5]={1,2,3,4,5}; 可写为 int a[]={1,2,3,4,5};。

(5) 非初始化赋值可以在程序执行过程中对数组作动态赋值，这时可用循环语句逐个对数组元素赋值，但不能整体赋值，例如，a[5]={1,2,3,3,4}; 是错误的语句。

任务 2-3　学生姓名的录入和显示

一、任务导读

通过任务 2-1 的学习我们知道，一个学生的姓名本身就是一个一维数组，那么，多名学生的姓名又应该如何输入及显示呢？要实现此任务就要了解以下知识：

(1) 二维数组和一维数组的区别和联系。

(2) 二维数组的初始化及输出方法。

二、案例讲解

【例 2-8】 在二维数组 a[4][5]中存有 4 个学生的 5 门课程的成绩，设计程序输出该数组。
参考源代码如下：

```
1.   #include"stdio.h"
2.   #define N 4
3.   #define M 5
4.   main()
5.   {
6.       int a[N][M]={
7.                   {72,66,85,83,95},
8.                   {86,98,65,79,85},
9.                   {58,82,77,92,80},
10.                  {66,91,92,78,64}
11.                  };
12.      int i,j;
13.      for(i=0;i<N;i++)
14.      {
15.          for(j=0;j<M;j++)
16.          {
17.              printf("a[%d][%d]=%d\t",i,j,a[i][j]);
18.          }
19.          printf("\n");
20.      }
21.      getche();
22.  }
```

程序运行结果如图 2-8 所示。

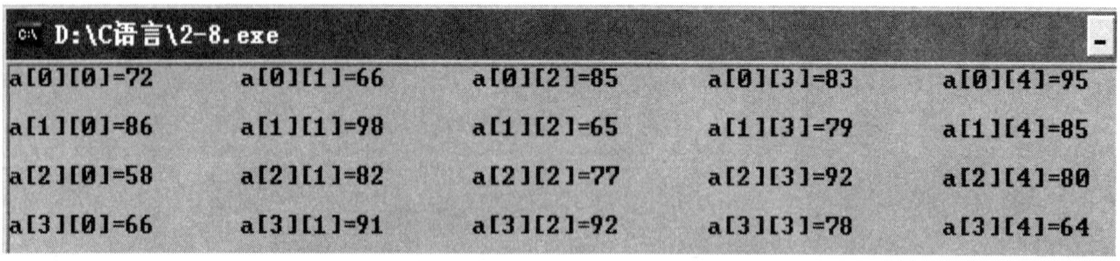

```
D:\C语言\2-8.exe

a[0][0]=72    a[0][1]=66    a[0][2]=85    a[0][3]=83    a[0][4]=95
a[1][0]=86    a[1][1]=98    a[1][2]=65    a[1][3]=79    a[1][4]=85
a[2][0]=58    a[2][1]=82    a[2][2]=77    a[2][3]=92    a[2][4]=80
a[3][0]=66    a[3][1]=91    a[3][2]=92    a[3][3]=78    a[3][4]=64
```

图 2-8 例 2-8 程序运行结果

说明：

(1) 第 6～11 行定义了一个二维数组 a[4][5]，表示这个数组有 4 行，每一行有 5 列。(注意：C 语言中同一行可以写多条语句，一条语句也可以放在多行。)

(2) 二维数组初始化赋值的一般方法是 {{}, {}, …, {}}，其中每一个大括号表示一行的元素。当某个大括号中的个数少于列数时，未赋初值的元素自动取 0 值，如 int a[3][3]={{1，3},{2，2，1},{3}}; 与 int a[3][3]={{1，3，0},{2，2，1},{3，0，0}}; 作用相同。

(3) 二维数组下标依次为 a[0][0], a[0][1], a[0][2], …, a[0][M − 1], a[1][0], a[1][1], …, a[1][M − 1], …, a[N − 1][0], a[N − 1][1], …, a[N − 1][M − 1], 如图 2-8 所示。其中每行又可被看成一个一维数组，如 a[0], a[3]。

(4) 第 13～20 行为输出二维数组常用的双重循环。第 17 行中的\t 表示间隔一个制表符，相当于在键盘上按了个 Tab 键。

【例 2-9】 已知 5 个学生的姓名分别为 ZhangWei、LiXiang、WangYanshu、LiuJian、YangYuhan，将它们存入一个二维字符数组 name[5][15] 中并输出。

参考源代码如下：

```
1.    #include"stdio.h"
2.    #define N 5
3.    main()
4.    {
5.        char name[N][15]={{"ZhangWei"},{"LiXiang"},
6.                          {"WangYanshu"},{"LiuJian"},
7.                          {"YangYuhan"}};
8.        int i;
9.        for(i=0;i<N;i++)
10.       {
11.           printf("name[%d]=%s\n",i,name[i]);
12.       }
13.       getche();
14.   }
```

程序运行结果如图 2-9 所示。

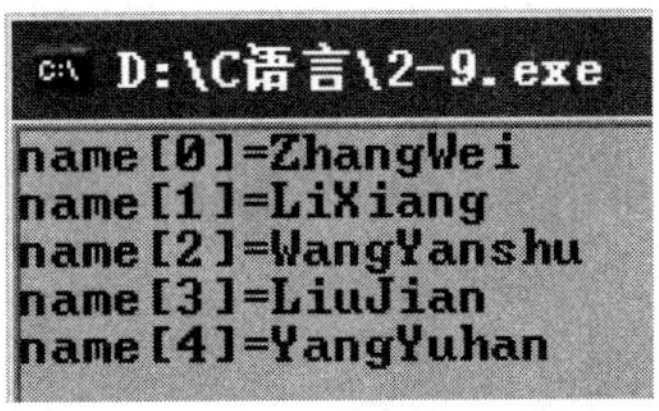

图 2-9　例 2-9 程序运行结果

说明：

(1) 二维字符数组赋初值时同一行元素可看做一个一维字符数组，因此可以直接用字符串赋值方式，也可以用单引号括起来的字符赋值方式，但字符赋值方式要繁琐一些，例如，
char name[N][15]={{'Z','h','a','n','g','W','e','i'},{'L',…},…, {'Y','a','n','g','Y','u','h','a','n'}};

(2) 二维字符数组输出时一般采用字符串即%s 输出，可简化程序。

(3) 字符数组中未赋值元素默认为 '/0'，即空白字符。

三、拓展应用

已知 5 个学生的学号分别为 0001652320、0001652318、0001652347、0001652385、0001652270，将它们存入一个二维字符数组 stnum[5][15] 中并输出。

提示：将学生学号看做是字符串。

四、扩展阅读

1．二维数组的定义及初始化

前面介绍的数组只有一个下标，称为一维数组，其数组元素也称为单下标变量。在实际问题中有很多量是二维的或多维的，因此 C 语言也允许构造多维数组。多维数组元素有多个下标，以标识它在数组中的位置，所以多维数组元素也称为多下标变量。下面只介绍二维数组，多维数组可由二维数组类推得到。二维数组类型说明的一般形式是：

类型说明符 数组名[常量表达式 1][常量表达式 2]；

其中常量表达式 1 表示第一维下标的长度，常量表达式 2 表示第二维下标的长度。例如，int a[3][4]；说明了一个三行四列的数组，数组名为 a，其下标变量的类型为整型。该数组的下标变量共有 3×4 个，即：

a[0][0],a[0][1],a[0][2],a[0][3]

a[1][0],a[1][1],a[1][2],a[1][3]

a[2][0],a[2][1],a[2][2],a[2][3]

二维数组在概念上是二维的，即是说其下标在两个方向上变化，下标变量在数组中的位置也处于一个平面之中，而不是像一维数组只是一个向量。但是，实际的硬件存储器却是连续编址的，也就是说存储器单元是按一维线性排列的。在一维存储器中存放二维数组有两种方式：一种是按行排列，即放完一行之后顺次放入第二行；另一种是按列排列，即放完一列之后再顺次放入第二列。在 C 语言中，二维数组是按行排列的。

二维数组初始化也是指在类型说明时给各下标变量赋以初值。二维数组可按行分段赋值，也可按行连续赋值。例如，对数组 a[5][3] 按行分段赋值可写为

int a[5][3]={ {80,75,92},{61,65,71},{59,63,70},{85,87,90},{76,77,85} };

按行连续赋值可写为

int a[5][3]={ 80,75,92,61,65,71,59,63,70,85,87,90,76,77,85 };

这两种赋初值的结果是完全相同的。

对于二维数组初始化赋值还有以下说明：

(1) 可以只对部分元素赋初值，未赋初值的元素自动取 0 值。例如，

int a[3][3]={{1},{2},{3}};

该语句对每一行的第一列元素赋值，未赋值的元素取 0 值。赋值后各元素的值为：1 0 0 2 0 0 3 0 0。

int a [3][3]={{0,1},{0,0,2},{3}};

赋值后各元素的值为 0 1 0 0 0 2 3 0 0。

(2) 如对全部元素赋初值，则第一维的长度可以不给出。例如，

```
int a[3][3]={1,2,3,4,5,6,7,8,9};
```
可以写为
```
int a[][3]={1,2,3,4,5,6,7,8,9};
```

数组是一种构造类型的数据。二维数组可以看做是由一维数组的嵌套而构成的。设一维数组的每个元素又都是一个数组，就组成了二维数组，当然，前提是各元素类型必须相同。根据这样的分析，一个二维数组也可以分解为多个一维数组。C 语言允许这种分解，如二维数组 a[3][4] 可分解为三个一维数组，其数组名分别为 a[0]、a[1]、a[2]。对这三个一维数组不需另作说明即可使用。这三个一维数组每个都有 4 个元素，例如，一维数组 a[0] 的元素为 a[0][0],a[0][1],a[0][2],a[0][3]。必须强调的是，a[0]、a[1]、a[2] 不能当做下标变量使用，它们是数组名，而不是一个单纯的下标变量。

2．字符数组

用来存放字符量的数组称为字符数组。字符数组类型说明的形式与前面介绍的数值数组相同，例如，char c[10];。由于字符型和整型通用，因此也可以定义为 int c[10];，但这时每个数组元素占 2 个字节的内存单元。字符数组也可以是二维或多维数组，例如，char c[5][10]; 即为二维字符数组。字符数组也允许在类型说明时作初始化赋值，例如，char c[10]={'c', ' ', 'p', 'r', 'o', 'g', 'r', 'a', 'm'}; 赋值后各元素的值为：c[0]，c[1]，c[2]，c[3]，c[4]，c[5]，c[6]，c[7]，c[8]，c[9]，其中 c[9] 未赋值，由系统自动赋予 0 值。当对全体元素赋初值时也可以省去长度说明。例如，char c[]={'c', ' ', 'p', 'r', 'o', 'g', 'r', 'a', 'm'};，这时 C 数组的长度自动定为 9。

例子：
```
main()
{
  int i,j;
  char a[][5]={{'B','A','S','T','C',},{'d','B','A','S','E'}};
  for(i=0;i<=1;i++)
  {
    for(j=0;j<=4;j++)
    printf("%c",a[i][j]);
    printf("\n");
  }
}
```

本例的二维字符数组由于在初始化时全部元素都赋以初值，因此一维下标的长度可以不加以说明。在 C 语言中没有专门的字符串变量，通常用一个字符数组来存放一个字符串。在前面介绍字符串常量时，已说明字符串总是以"\0"作为串的结束符。因此，当把一个字符串存入一个数组时，也把结束符"\0"存入数组，并以此作为该字符串是否结束的标志。有了"\0"标志后，就不必再用字符数组的长度来判断字符串的长度了。

C 语言允许用字符串的方式对数组作初始化赋值。例如，
```
char c[]={'C', ' ','p','r','o','g','r','a','m'};
```

可写为：

```
char c[]={"C program"};
```

或去掉{}写为：

```
char c[]="C program";
```

用字符串方式赋值比用字符逐个赋值要多占一个字节，这个多占的字节用于存放字符串结束标志 "\0"。上面的数组 c 在内存中的实际存放情况为：C program\0。"\0" 是由 C 编译系统自动加上的。由于采用了 "\0" 标志，所以在用字符串赋初值时一般无须指定数组的长度，而由系统自行处理。在采用字符串方式后，字符数组的输入输出将变得简单方便。除了上述用字符串赋初值的办法外，还可用 printf 函数和 scanf 函数一次性输出输入一个字符数组中的字符串，而不必使用循环语句逐个地输入输出每个字符。

例子：

```
void main()
{
    static char c[]="BASIC\ndBASE";
    printf("%s\n",c);
}
```

注意在本例的 printf 函数中，使用的格式为 "%s"，表示输出的是一个字符串。而在输出表列中给出数组名即可。不能写为：printf("%s",c[]);。

例子：

```
void main()
{
    char st[15];
    printf("input string:\n");
    scanf("%s",st);
    printf("%s\n",st);
}
```

本例中由于定义数组长度为 15，因此输入的字符串长度必须小于 15，以留出一个字节用于存放字符串结束标志 "\0"。应该说明的是，对一个字符数组，如果不作初始化赋值，则必须说明数组长度。还应该特别注意的是，当用 scanf 函数输入字符串时，字符串中不能含有空格，否则将以空格作为串的结束符。

例子：

```
main()
{
    char st1[6],st2[6],st3[6],st4[6];
    printf("input string:\n");
    scanf("%s%s%s%s",st1,st2,st3,st4);
    printf("%s %s %s %s\n",st1,st2,st3,st4);
}
```

本程序定义了四个数组，输入一行字符并以空格分段分别装入四个数组中，然后分别输出这四个数组中的字符串。在前面介绍过，scanf 的各输入项必须以地址方式出现，如 &a、&b 等。但在本例中却是以数组名方式出现的，这是为什么呢？这是由于在 C 语言中规定，数组名就代表了该数组的首地址。整个数组是以首地址开头的一块连续的内存单元。设数组 c 的首地址为 2000，也就是说 c[0]单元的地址为 2000，而数组名 c 就代表这个首地址。因此在 c 前面不能再加地址运算符"&"。如写作 scanf("%s",&c); 则是错误的。在执行语句 printf("%s",c);时，按数组名 c 找到首地址，然后逐个输出数组中各个字符直到遇到字符串终止标志"\0"为止。

任务 2-4　　学生各科成绩的处理

一、任务导读

从任务 2-2 中学会了一维数组的数据处理方法，那么对于二维数组应该如何处理，以及多个数组数据如何关联起来呢？要实现本任务就要了解以下知识：

(1) 二维字符数组输入和一维字符数组输入的区别和联系。

(2) 二维字符数组排序和一维整型数组排序的区别和联系。

(3) 多个数组的并行处理及显示方法。

二、案例讲解

【例 2-10】　输入 5 个学生的姓名，存入 name 数组并显示。

参考源代码如下：

```
1.    #include"stdio.h"
2.    #define N 5
3.    main()
4.    {
5.        char name[N][15];
6.        int i;
7.        for(i=0;i<N;i++)
8.        {
9.            scanf("%s",name[i]);
10.       }
11.       for(i=0;i<N;i++)
12.       {
13.           printf("namelist %d is %s\n",i+1,name[i]);
14.       }
15.       getche();
16.    }
```

程序运行结果如图 2-10 所示。

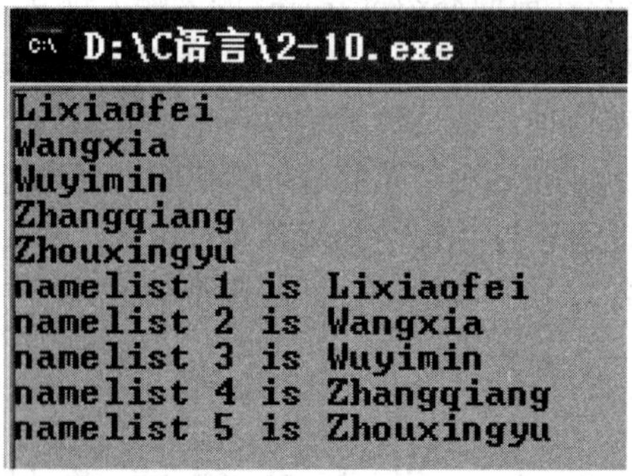

图 2-10　例 2-10 程序运行结果

说明:

(1) 字符数组的输入一般也采用%s, 即字符串型输入方式, 如第 7~10 行所示。

(2) 第 13 行中 i+1 是为了符合人们的日常习惯从 1 开始编号。

【例 2-11】name 数组中存有 6 个学生的姓名, 试对其按升序排序(姓名拼音中 a 在前、z 在后, 姓名中只有首字母是大写字母)。

参考源代码如下:

```
1.    #include"stdio.h"
2.    #define N 6
3.    main()
4.    {
5.        char name[N][15]={{"Zhangwei"},{"Lixiang"},
6.                          {"Wangyanshu"},{"Liujian"},
7.                          {"Yangyuhan"},{"Zhangling"}};
8.        char temp[15];
9.        int i,j,flag;
10.       for(i=0;i<N-1;i++)
11.       {
12.           flag=1;
13.           for(j=0;j<N-1-i;j++)
14.           {
15.               if(strcmp(name[j],name[j+1])>0)
16.               {
17.                   strcpy(temp,name[j]);
18.                   strcpy(name[j],name[j+1]);
19.                   strcpy(name[j+1],temp);
20.                   flag=0;
21.               }
22.           }
23.           if(flag)    break;
```

```
24.            }
25.         for(i=0;i<N;i++)
26.             printf("%s\n",name[i]);
27.         getche();
28. }
```

程序运行结果如图 2-11 所示。

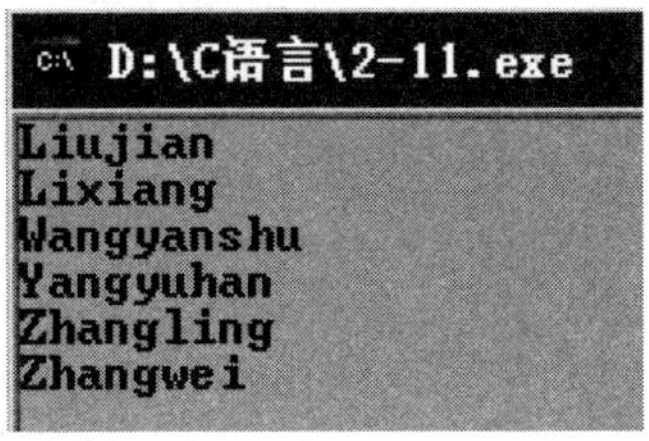

说明：

(1) 第 8 行定义的 temp 一维数组是用于交换 name 中两
字符串的中间变量。

图 2-11　例 2-11 程序运行结果

(2) 该排序法仍然是冒泡法，只是对象换成了字符串。

(3) 第 15 行中的 strcmp 函数是字符串比较函数。

格式：

　　strcmp(字符数组名 1，字符数组名 2)；

功能：按照 ASCII 码顺序比较两个数组中的字符串，并由函数返回值返回比较结果。

当字符串 1 = 字符串 2，返回值 = 0；

当字符串 1 > 字符串 2，返回值 > 0；

当字符串 1 < 字符串 2，返回值 < 0。

本函数也可用于比较两个字符串常量，或比较数组和字符串常量。

(4) 第 17～19 行中的 strcpy 函数是字符串拷贝函数。

格式：

　　strcpy(字符数组名 1，字符数组名 2)；

功能：把字符数组 2 中的字符串拷贝到字符数组 1 中。

(5) 第 25、26 行的 for 循环的循环体没有用 {} 括起来是因为其循环体只有一句。如
for(i=0;i<N;i++)　　a[i]=i;与 for(i=0;i<N;i++)　　{a[i]=i;}效果是相同的。if 语句、while 语句均
与此相似。

【例 2-12】　name 数组中存有 6 个学生的姓名，输入一个学生姓名，找出与其相同的
学生姓名在数组中的序号(1～N)，若没有相同姓名则报错。

参考源代码如下：

```
1.  #include"stdio.h"
2.  #define N 6
3.  main()
4.  {
5.      char name[N][15]={{"Zhangwei"},{"Lixiang"},
6.                        {"Wangyanshu"},{"Liujian"},
7.                        {"Yangyuhan"},{"Zhangling"}};
8.      char myname[15];
9.      int i,flag=0;
10.     scanf("%s",myname);
11.     for(i=0;i<N;i++)
```

```
12.            if(strcmp(myname,name[i])==0)
13.            {
14.                flag=1;
15.                break;
16.            }
17.        if(flag) printf("your name %s is the %dth\n",myname,i+1);
18.        else printf("error,your name is not in the list\n");
19.        getche();
20.    }
```

程序运行结果如图 2-12 所示。

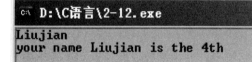

图 2-12　例 2-12 程序运行结果

说明：

(1) 第 12～16 行判断是否有学生名与输入的 myname 相同。若有，则 flag 置位后直接退出循环；若循环完成后都没有与 myname 相同的元素，则 flag 值不改变，仍为初始值 0。

(2) 第 17、18 行通过判断 flag 的值来分别输出序号或是报错。

【例 2-13】　设 6 名学生的学号、姓名和 2 门课程的成绩分别存放在 stnum、name、math、eng 中，其中 stnum 和 name 为二维数组，math 和 eng 为一维数组。试编写程序找出其中数学最高分的学生信息和英语最低分的学生信息。

参考源代码如下：

```
1.    #include"stdio.h"
2.    #define N 6
3.    main()
4.    {
5.        char stnum[N][10]={{"s001"},{"s002"},{"s003"},{"s004"},{"s005"},{"s006"}};
6.        char name[N][15]={{"Zhangwei"},{"Lixiang"},
7.                          {"Wangyanshu"},{"Liujian"},
8.                          {"Yangyuhan"},{"Zhangling"}};
9.        int math[N]={55,68,90,98,74,85};
10.       int eng[N]={72,63,92,74,85,83};
11.       int i,mathmax,n1,engmin,n2;
12.       mathmax=math[0]; n1=0;
13.       engmin=eng[0];    n2=0;
14.       for(i=1;i<N;i++)
15.       {
```

```
16.         if(math[i]>mathmax)
17.         {
18.             mathmax=math[i];
19.             n1=i;
20.         }
21.         if(eng[i]<engmin)
22.         {
23.             engmin=eng[i];
24.             n2=i;
25.         }
26.     }
27.     printf("The highest math score is %d,from %s %s\n",
28.             mathmax,stnum[n1],name[n1]);
29.     printf("The lowest english score is %d,from %s %s\n",
30.             engmin,stnum[n2],name[n2]);
31.     getche();
32. }
```

程序运行结果如图 2-13 所示。

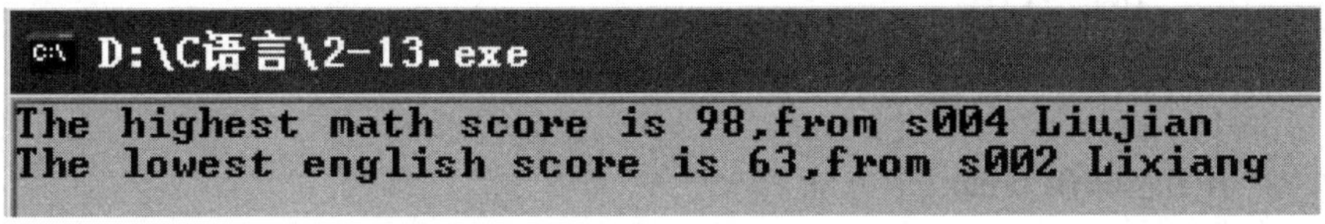

图 2-13　例 2-13 程序运行结果

说明：

n1 用于记录数学最高分的学生在原数组中的序号，n2 用于记录英语最低分的学生在原数组中的序号，便于输出时确定姓名和学号。

【例 2-14】 设 6 名学生的学号、姓名和 2 门课程的成绩分别存放在 stnum、name、math、eng 中，将学生信息按 eng 成绩从高到低输出。

参考源代码如下：

```
1.  #include"stdio.h"
2.  #define N 6

3.  main()
4.  {
5.  char stnum[N][10]={{"s001"},{"s002"},{"s003"},{"s004"},{"s005"},{"s006"}};
6.  char name[N][15]={{"Zhangwei"},{"Lishuxiang"},
7.  {"Wangyanshu"},{"Liujianyi"},
8.  {"Yangyuhan"},{"Zhangling"}};
```

```
9.      int math[N]={55,68,90,98,74,85};
10.     int eng[N]={62,85,85,97,83,85};
11.     int en1[N],q[N];/*en1 数组用于复制 eng 数组,q 数组存放最终输出次序号*/
12.     int i,j,flag,temp;
13.     for(i=0;i<N;i++)
14.     en1[i]=eng[i];/*复制 eng 数组到 en1 中，确保在排序时原始数组不变*/

15.     //对 en1 数组按由大到小排序
16.     for(i=0;i<N-1;i++)
17.     {
18.        flag=0;
19.        for(j=0;j<N-1-i;j++)
20.        {
21.          if(en1[j]<en1[j+1])
22.          {
23.            temp=en1[j];
24.            en1[j]=en1[j+1];
25.            en1[j+1]=temp;
26.            flag=1;
27.          }
28.        }
29.        if(flag==0) break;
30.     }
31.     /*按 en1 数组依次查找每个元素在原始 eng 数组中的序号，保存到 q 数组中*/
32.     for(i=0;i<N;i++)
33.     {
34.        rep=1;
35.        for(j=0;j<N;j++)
36.        {
37.          if((i-rep>=0)&&en1[i]==en1[i-rep]&&en1[i]==eng[j])
38.          {
39.            rep++;continue;
40.          }
41.          if(en1[i]==eng[j])
42.          {
43.            q[i]=j;break;
44.          }
45.        }
46.     }
```

47. /*按 q 数组元素确定次序输出*/
48. for(i=0;i<N;i++)
49. printf("%s\t%s\tmathscore=%d\tenglishscore=%d\n",
50. stnum[q[i]],name[q[i]],math[q[i]],eng[q[i]]);
51. getche();
52. }

程序运行结果如图 2-14 所示。

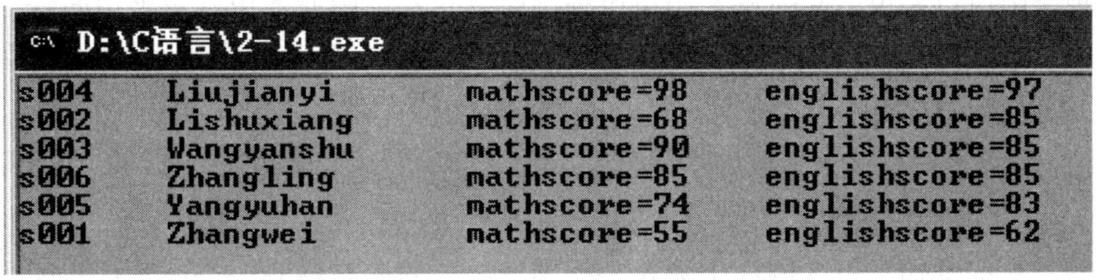

图 2-14 例 2-14 程序运行结果

说明：

(1) 先将 eng 数组复制到 en1 数组中，再对 en1 进行排序，使原始信息不发生改变。

(2) 比较 en1 与 eng 数组，确定输出学生信息的次序并存入 q 数组中。其中 rep 为某分数重复的次数，如例中的 85 分。若重复 n 次，则跳过查找到的第 n 个元素。

(3) continue 语句的作用是跳过本轮循环体的剩余语句，直接进入下轮循环，如本例的 continue 语句执行后将结束本轮循环，跳到 j++ 的循环变量增值语句。

(4) 按 q 数组元素确定次序，输出学生信息。

(5) stnum[q[i]] 为数组的嵌套，内层数组值作为外层数组的序号。

三、拓展应用

(1) 设 6 名学生的学号、姓名和 2 门课程的成绩分别存放在 stnum、name、math、eng 中，找出其中 math 成绩在平均分以上的学生信息并输出。

(2) 输入 6 名学生的学号、姓名和 2 门课程的成绩，分别存放在 stnum、name、math、eng 中，找出总分在总平均分以上但 eng 成绩在平均分以下的学生信息并输出。

四、扩展阅读

C 语言提供了丰富的字符串处理函数，大致可分为字符串的输入、输出、合并、修改、比较、转换、复制、搜索这几类。使用这些函数可大大减轻编程的负担。用于输入、输出的字符串函数，在使用前应包含头文件 "stdio.h"；使用其他字符串函数则应包含头文件 "string.h"。下面介绍几个最常用的字符串函数。

1) 字符串输出函数 puts

格式：

    puts(字符数组名);

功能：把字符数组中的字符串输出到显示器，即在屏幕上显示该字符串。

例子：
```
#include"stdio.h"
main()
{
    char c[]="BASIC\ndBASE";
    puts(c);
}
```

从程序中可以看出，puts 函数中可以使用转义字符，因此输出结果占用两行。puts 函数完全可以由 printf 函数取代。当需要按一定格式输出时，通常使用 printf 函数。

2) 字符串输入函数 gets

格式：

    gets(字符数组名);

功能：从标准输入设备键盘上输入一个字符串。本函数得到一个函数值，即为该字符数组的首地址。

例子：
```
#include"stdio.h"
main()
{
    char st[15];
    printf("input string:\n");
    gets(st);
    puts(st);
}
```

可以看出，当输入的字符串中含有空格时，输出仍为全部字符串。这说明 gets 函数并不以空格作为字符串输入结束的标志，而只以回车作为输入结束的标志。这是与 scanf 函数不同之处。

3) 字符串连接函数 strcat

格式：

    strcat(字符数组名 1，字符数组名 2);

功能：把字符数组 2 中的字符串连接到字符数组 1 中的字符串的后面，并删去字符串 1 后的串结束标志 "\0"。本函数返回值是字符数组 1 的首地址。

例子：
```
#include"string.h"
main()
{
    char st1[30]="My name is ";
    int st2[10];
    printf("input your name:\n");
```

```
        gets(st2);
        strcat(st1,st2);
        puts(st1);
    }
```

本程序把初始化赋值的字符数组与动态赋值的字符串连接起来。要注意的是，字符数组 1 应定义足够的长度，否则不能将被连接的字符串全部装入。

4) 字符串拷贝函数 strcpy

格式：

　　strcpy(字符数组名 1，字符数组名 2)；

功能：把字符数组 2 中的字符串拷贝到字符数组 1 中。串结束标志"\0"也一同拷贝。字符数组名 2 也可以是一个字符串常量，这时相当于把一个字符串赋给一个字符数组。

例子：

```
    #include"string.h"
    main()
    {
        char st1[15],st2[]="C Language";
        strcpy(st1,st2);
        puts(st1);
        printf("\n");
    }
```

本函数要求字符数组 1 应有足够的长度，否则不能将所拷贝的字符串全部装入。

5) 字符串比较函数 strcmp

格式：

　　strcmp(字符数组名 1，字符数组名 2)

功能：按照 ASCII 码顺序比较两个数组中的字符串，并由函数返回值返回比较结果。

字符串 1 = 字符串 2，返回值 = 0；

字符串 1 > 字符串 2，返回值 > 0；

字符串 1 < 字符串 2，返回值 < 0。

本函数也可用于比较两个字符串常量，或比较数组和字符串常量。

例子：

```
    #include"string.h"
    main()
    {
        int k;
        char st1[15],st2[]="C Language";
        printf("input a string:\n");
        gets(st1);
        k=strcmp(st1,st2);
```

```
        if(k==0) printf("st1=st2\n");
        if(k>0) printf("st1>st2\n");
        if(k<0) printf("st1<st2\n");
    }
```

本程序中把输入的字符串和数组 st2 中的字符串比较，比较结果返回到 k 中，根据 k 值再输出结果提示串。当输入为 dBASE 时，由 ASCII 码可知"dBASE"大于"C Language"，故 k > 0，输出结果"st1>st2"。

6) 测字符串长度函数 strlen

格式：

    strlen(字符数组名)

功能：测字符串的实际长度(不含字符串结束标志"\0") 并作为函数返回值。

例子：

```
    #include"string.h"
    main()
    {
        int k;
        char st[]="C language";
        k=strlen(st);
        printf("The lenth of the string is %d\n",k);
    }
```

任务 2-5　　成绩管理系统模块化处理

一、任务导读

通过任务 2-4 可以看到，当数据处理比较复杂时，程序会变得很长，不易阅读及调试。因此，在编写较大的程序时，通常会将其分解成多个模块，每个模块对应一种功能，单独写成一个函数，而不是像前面那样将所有的代码都放到 main 函数中。为此就要了解以下知识：

(1) 函数的概念；

(2) 函数的编写和调用方法。

二、案例讲解

【例 2-15】 编写一个函数，输出字符串 I love this game，并在主函数中调用该函数。

参考源代码如下：

```
1.    #include"stdio.h"
2.    void prt(void);
```

```
3.    main()
4.    {
5.        prt();
6.        getche();
7.    }
8.    void prt(void)
9.    {
10.        printf("I love this game\n");
11.   }
```

程序运行结果如图 2-15 所示。

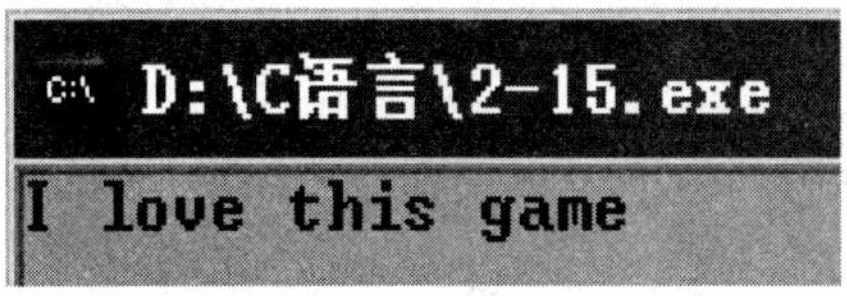

图 2-15　例 2-15 程序运行结果

说明：

(1) 第 8～11 行定义了一个 prt 函数。其基本形式是：

    类型说明符　函数名(参数列表)
    {
        函数体;
    }

其中，类型说明符是函数返回值的类型，如 void 表示没有返回值，int 表示返回一个整型数值；函数名是由用户定义的标识符，与自定义变量名的规则相同；参数列表列出该函数要使用到的若干个参数，各参数间用逗号隔开，void 表示没有参数；函数体是若干语句的集合，在调用这个函数时即将函数体执行一次。

(2) 第 5 行是调用 prt 函数，即依次执行其函数体的所有语句。

(3) 第 2 行是函数的声明。当函数定义在主调函数前面时可以不用声明，否则要声明。注意函数声明语句后有一个分号。

【例 2-16】 编写一个函数，找出 3 个参数中的最大值并返回该值。

参考源代码如下：

```
1.    #include"stdio.h"
2.    int getmax(int a,int b,int c);
3.    main()
4.    {
5.        int n1,n2,n3,max;
6.        scanf("%d%d%d",&n1,&n2,&n3);
7.        max=getmax(n1,n2,n3);
8.        printf("the max number is %d\n",max);
```

```
9.          getche();
10.    }
11.    int getmax(int a,int b,int c)
12.    {
13.          int d;
14.          if(a>b)
15.          {
16.              if(a>c) d=a;
17.              else    d=c;
18.          }
19.          else
20.          {
21.              if(b>c) d=b;
22.              else    d=c;
23.          }
24.          return(d);
25.    }
```

程序运行结果如图 2-16 所示。

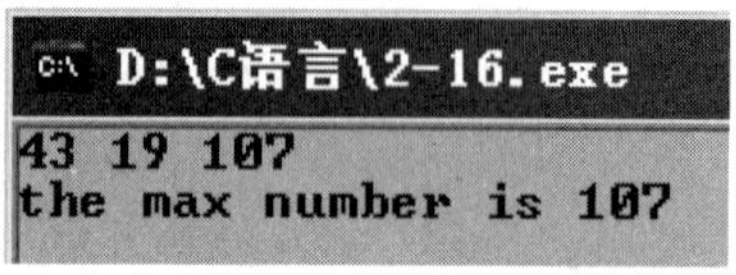

图 2-16　例 2-16 程序运行结果

说明：

(1) 第 11～25 行定义了 getmax 函数，其返回值是整型，含有 3 个整型参数 a、b、c。

(2) 在函数内部定义的变量称为内部变量。内部变量只能在该函数中使用，如此例的 n1、n2、n3、max 这 4 个变量只能在 main 函数中使用，而 a、b、c、d 只能在 getmax 函数中使用。

(3) 第 14～23 行是找出 a、b、c 中的最大值赋给 d。

(4) return 语句是函数值返回语句，把 () 中的值作为函数的值返回给主调函数，有返回值的函数中至少应有一个 return 语句。注意，()中的值应与函数定义时的类型相同。

(5) 第 7 行在主函数中调用 getmax 函数，参数 n1、n2、n3 依次分别传给 getmax 函数中的 a、b、c。其中，n1、n2、n3 称为实际参数，a、b、c 称为形式参数。执行函数体后将其返回值 d 赋给 max。

(6) 实际参数和形式参数占用不同的存储单元，调用函数时将实参的值传递给相应的形参，在函数执行过程中形参值的改变不会影响到实参的值。在上例中，即便 a、b、c 的值在函数中发生了改变(如 a=1)，n1、n2、n3 的值也是不会变化的(n1 不会变为 1)。

【例 2-17】 设计一函数 void sort(int a[ ],int b[ ],int n[ ])，对数组 a 进行从大到小排序后存入数组 b，序号存入数组 c。

参考源代码如下：

```
#include"stdio.h"
#define N 6
void sort(int a[N],int b[N],int c[N]);          /*声明排序函数*/
void prt(int a[N],int b[N]);                     /*声明输出函数*/

main()
{
  int math[N]={75,68,80,98,74,85};
  int eng[N]={62,75,85,97,83,85};
  int en1[N],enq[N];
  int ma1[N],maq[N];

  sort(math,ma1,maq);                            /*将 math 数组排序*/
  printf("according to the math order:\n");
  prt(math,maq);                                 /*将 math 数组按 maq 的顺序输出*/

  sort(eng,en1,enq);                             /*将 eng 数组排序*/
  printf("according to the eng order:\n");
  prt(eng,enq);                                  /*将 eng 数组按 enq 的顺序输出*/
  getche();
}
/*排序函数(见例 2-14)*/
void sort(int a[N],int b[N],int c[N])
{
  int temp,rep,i,j,flag;
  for(i=0;i<N;i++)
  b[i]=a[i];
  for(i=0;i<N-1;i++)
  {
    flag=0;
    for(j=0;j<N-1-i;j++)
    {
      if(b[j]<b[j+1])
      {
        temp=b[j];
        b[j]=b[j+1];
        b[j+1]=temp;
        flag=1;
```

```
        }
    }
    if(flag==0) break;
}

for(i=0;i<N;i++)
{
    rep=1;
    for(j=0;j<N;j++)
    {
        if((i-rep>=0)&&b[i]==b[i-rep]&&b[i]==a[j])
        {
            rep++;continue;
        }
        if(b[i]==a[j])
        {
            c[i]=j;break;
        }
    }
}
}
/*输出函数*/
void prt(int a[N],int b[N])
{
    int i;
    for(i=0;i<N;i++)
    printf("%d\t%d\n",b[i],a[b[i]]);
}
```

程序运行结果如图 2-17 所示。

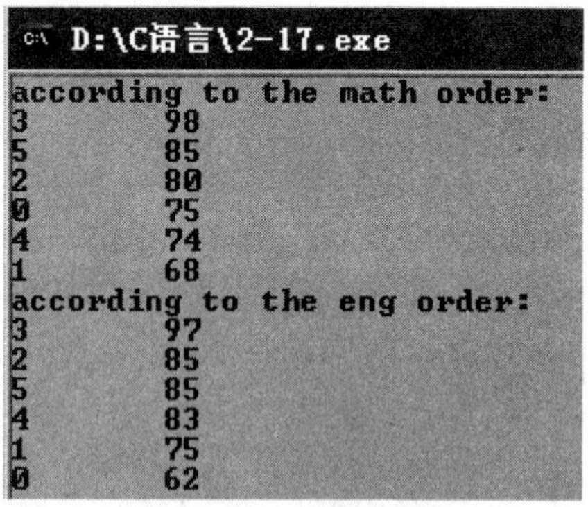

图 2-17　例 2-17 程序运行结果

说明：

(1) 用数组名作函数参数时，调用时不能加[]，如本例中 sort(math,ma1,maq);、prt(eng,enq);。

(2) 本例中的输出函数 void prt(int a[N],int b[N])的作用是将数组 a 按数组 b 中的指定顺序输出。

(3) 与变量作为函数参数不同的是，在用数组名作函数参数时，形参数组和实参数组为同一数组，共同拥有一段存储空间。因此当形参数组发生变化时，实参数组也随之变化。如本例中，sort(math,ma1,maq)函数的实参数组 ma1 和形参数组 b 对应，则它们用的是相同的存储空间，当函数执行后，b 数组被排好序时 ma1 数组也就排好序了，maq 数组也是如此。

【例 2-18】　编写函数 getdata()实现从键盘输入 N 个学生的学号、姓名、数学成绩、英语成绩，分别存入 stnum、stname、math 和 eng 数组中。

参考源代码如下：

```c
#include"stdio.h"
#define N 6
/*函数声明*/
void inputdata(void);
void outputdata(void);
void getnumber(char a[N][8]);
void getname(char a[N][12]);
void getscore(int a[N]);

/*定义 stnum、stname、math、eng 数组为全局变量*/
char stnum[N][8],stname[N][12];
int math[N],eng[N];

main()
{
    inputdata();            /*调用输入数据函数，输入学生信息*/
    outputdata();           /*输出学生信息*/
    getche();
}
/*输入数据函数*/
void inputdata(void)
{
    getnumber(stnum);       /*调用输入学号函数，将学号存入数组 stnum*/
    getname(stname);        /*调用输入姓名函数，将姓名存入数组 stname*/
    getscore(math);         /*调用输入成绩函数，将成绩存入数组 math*/
    getscore(eng);          /*再次调用输入成绩函数，将成绩存入数组 eng*/
}
/*输入学号函数*/
```

```
void getnumber(char a[N][8])
{
    int i;
    for(i=0;i<N;i++)
        scanf("%s",a[i]);
}
/*输入姓名函数*/
void getname(char a[N][12])
{
    int i;
    for(i=0;i<N;i++)
        scanf("%s",a[i]);
}
/*输入成绩函数*/
void getscore(int a[N])
{
    int i;
    for(i=0;i<N;i++)
        scanf("%d",&a[i]); /*由于一维数组元素的输入，需要加上地址符& */
}
/*输出数据函数*/
void outputdata(void)
{
    int i;
    for(i=0;i<N;i++)
        printf("%s\t%s\t%d\t%d\n",stnum[i],stname[i],math[i],eng[i]);
}
```

程序运行结果如图 2-18 所示。

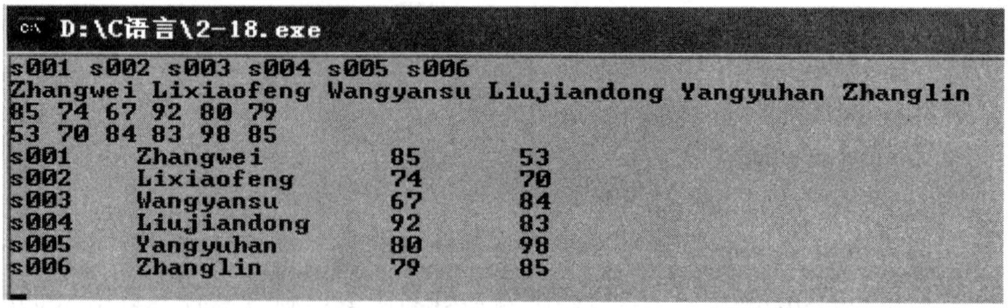

图 2-18　例 2-18 程序运行结果

说明：

(1) 通常将实现某一功能的语句单独编写成一个函数，当需要用到该功能时，直接调用这个函数可以使程序变得更加简洁且容易修改。如本例中的 getscore 函数，在 inputdata

函数中被调用了 2 次，分别赋值给 math 和 eng 数组，而不是将 getscore 中的语句写 2 遍。若学生成绩有 5 门课，则调用 5 次即可，通用性更强。

（2）局部变量也称为内部变量，是在函数内定义的，其作用域仅限于函数内，离开该函数后再使用这种变量是非法的，如本例中由于 main 函数中没有定义变量 i，所以 i 不能在 main 函数中使用。允许在不同的函数中使用相同的变量名，它们代表不同的对象，分配不同的存储单元，互不干扰，也不会发生混淆，如例中的各函数内定义的变量 i。

全局变量也称为外部变量，它是在函数外部定义的变量，其作用域是整个源程序，即在任何一个函数中都可以改变全局变量的值，如本例中的 stnum、stname 等。

（3）将实现各种功能的模块编写为一层一层的函数，而 main 函数中的语句一般很少，都是调用其他函数，这种方法称为模块化程序设计方法，如本例的 inputdata 数据输入模块。

【例 2-19】　编写函数 search()查找已知学号或姓名的学生信息。

参考源代码如下：

```c
#include"stdio.h"
#define N 6
/*函数声明*/
int search(void);
int searchnum(void);
int searchname(void);
void srhout(int n);
/*学生信息定义为全局变量*/
char stnum[N][8]={{"s001"},{"s002"},{"s003"},{"s004"},{"s005"},{"s006"}};
char stname[N][12]={{"Zhangwei"},{"Lishuxiang"},
                    {"Wangyanshu"},{"Liujianyi"},
                    {"Yangyuhan"},{"Zhangling"}};
int math[N]={55,68,90,98,74,85};
int eng[N]={62,75,86,97,83,79};
/*主函数*/
main()
{
    srhout(search());
    getche();
}
/*查找信息函数,若找到则返回该学生在数组中的序号,否则返回 -1*/
int search(void)
{
    int choice;
    printf("press 0 to search number,press 1 to search name:\n");
    scanf("%d",&choice);         /*选择查找方式,0 为学号查找,1 为姓名查找*/
    if(!choice)
```

```
        return searchnum();      /*学号查找调用 searchnum 函数并返回其函数值*/
    else
        return searchname();     /*姓名查找调用 searchname 函数并返回其函数值*/
}
/*按学号查找*/
int searchnum(void)
{
    int i,flag=0;
    char num[8];
    printf("input your number:\n");
    scanf("%s",num);
    for(i=0;i<N;i++)
        if(strcmp(num,stnum[i])==0)
        {
            flag=1;
            break;
        }
    if(flag)    return i;        /*找到则返回该学生在数组中的序号*/
    else    return -1;           /*否则返回 -1*/
}


/*按姓名查找*/
int searchname(void)
{
    int i,flag=0;
    char name[12];
    printf("input your name:\n");
    scanf("%s",name);
    for(i=0;i<N;i++)
        if(strcmp(name,stname[i])==0)
        {
            flag=1;
            break;
        }
    if(flag)    return i;        /*找到则返回该学生在数组中的序号*/
    else    return -1;           /*否则返回 -1*/
}


/*输出查找结果*/
```

```
void srhout(int n)
{    if(n==-1)                /*若 n 为 -1 则输出提示错误信息*/
        printf("no message,please check again");
    else                      /*否则输出原数组中序号为 n 的学生信息*/
    {
        printf("your message:\n");
        printf("%s\t%s\t%d\t%d\n",stnum[n],stname[n],math[n],eng[n]);
    }
}
```

程序运行结果如图 2-19 所示。

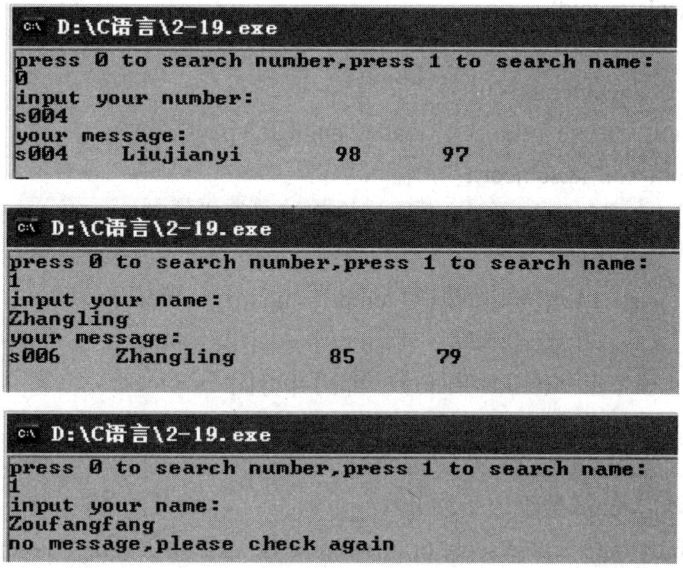

图 2-19　例 2-19 程序运行结果

说明：

main 函数中的 srhout(search());为函数的嵌套调用，用 search 函数的返回值作为 srhout 函数的实际参数，传递给其形式参数 n。

【例 2-20】 编写函数 calculate()处理已知学生信息，根据输入课程号求某科平均分、最高分、最低分。

参考源代码如下：

```
#include"stdio.h"
#define N 6

int math[N]={55,68,90,98,74,85};
int eng[N]={62,75,86,97,83,79};
int phy[N]={77,80,96,64,45,83};

float average(int a[N]);
```

```
int highest(int a[N]);
int lowest(int a[N]);
void calculate(void);

main()
{
    calculate();
    getche();
}
/*成绩处理函数，输入学科号，显示该学科平均分、最高分、最低分*/
void calculate(void)
{
    int i,subject,temp[N];
    printf("choose a subject:1.math 2.english 3.physics\n");
    scanf("%d",&subject);    /*输入学科号*/
    switch(subject)            /*选择将哪门课程成绩赋给数组 temp*/
    {
        case 1:for(i=0;i<N;i++) temp[i]=math[i];    break;
        case 2:for(i=0;i<N;i++) temp[i]=eng[i];     break;
        case 3:for(i=0;i<N;i++) temp[i]=phy[i];     break;
        default:printf("error,please check again\n"); return 0;
    }
    /*输出 temp 数组的平均分*/
    printf("the average score of this course is:%2.2f\n",average(temp));
    /*输出 temp 数组的最高分*/
    printf("the highest score of this course is:%d\n",highest(temp));
    /*输出 temp 数组的最低分*/
    printf("the lowest score of this course is:%d\n",lowest(temp));
}
/*求平均分函数*/
float average(int a[N])
{
    int i;
    float avg=0;
    for(i=0;i<N;i++)
        avg+=a[i];
    avg/=N;
    return avg;
}
```

```
/*求最高分函数*/
int highest(int a[N])
{
    int i,hscr=a[0];
    for(i=1;i<N;i++)
        if(hscr<a[i])    hscr=a[i];
    return hscr;
}
/*求最低分函数*/
int lowest(int a[N])
{
    int i,lscr=a[0];
    for(i=1;i<N;i++)
        if(lscr>a[i])    lscr=a[i];
    return lscr;
}
```

程序运行结果如图 2-20 所示。

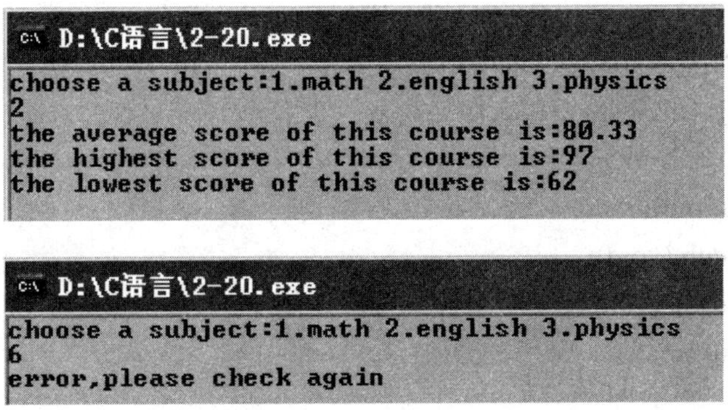

图 2-20 例 2-20 程序运行结果

说明：

(1) calculate 函数中用到了选择结构中的 switch 语句。该语句的格式为：

```
switch(表达式)
{
    case 常量表达式 1: 语句 1; break;
    case 常量表达式 2: 语句 2; break;
    …
    case 常量表达式 n: 语句 n; break;
    default : 语句 n+1;
}
```

其作用是：计算表达式的值，并逐个与其后的常量表达式值相比较。当表达式的值与某个常量表达式的值相等时，就执行其后的语句，然后不再进行判断，继续执行后面所有

case 后的语句；如表达式的值与所有 case 后的常量表达式均的值不相同时，则执行 default 后的语句。

如例 2-20 中的 subject 如果为 2，则执行 case 2:后的所有语句，直到遇到 break 语句才跳出 switch 结构。(注意：如果 case 2:后没有遇到 break 语句，则会继续往下执行 case 3:后的语句，一直到整个 switch 结束。通常每个 case 后都会添加一个 break 语句。)

(2) calculate 函数本身是一个无返回值的函数，但在函数中出现了一个 return 语句。该语句的返回值无意义，其作用是让函数一旦执行到此处就结束。本例中如果输入的 subject 不是 1、2、3 中的任何一个，则会执行到 return 语句，使函数不再执行后续的 3 个 printf 语句。

【例 2-21】 编写函数 modify()处理已知学生信息，根据输入的学生姓名或学号修改学生信息。

参考源代码如下：

```
#include"stdio.h"
#define N 6
char stnum[N][8]={{"s001"},{"s002"},{"s003"},{"s004"},{"s005"},{"s006"}};
char stname[N][12]={{"Zhangwei"},{"Lishuxiang"},
                    {"Wangyanshu"},{"Liujianyi"},
                    {"Yangyuhan"},{"Zhangling"}};
int math[N]={55,68,90,98,74,85};
int eng[N]={62,75,86,97,83,79};

int search(void);
int searchnum(void);
int searchname(void);
void modify(int n);

void main()
{
    modify(search());
    getche();
}
/*查找信息函数，与例 2-19 相同*/
int search(void)
{……}
int searchnum(void)
{……}
int searchname(void)
{……}
/*修改信息函数*/
```

```
void modify(int n)
{
    int i,error=0;
    if(n==-1)
        printf("no message,please check again");
    else
    {
        printf("your message:\n");
        printf("%s\t%s\t%d\t%d\n",stnum[n],stname[n],math[n],eng[n]);
        printf("enter your new message:1.number 2.name 3.math 4.english\n");
        /*输入欲修改的信息，1.学号，2.姓名，3.math 成绩，4.eng 成绩*/
        scanf("%d",&i);
        switch(i)
        {
            case 1:scanf("%s",stnum[n]);          break;      /*修改学号*/
            case 2:scanf("%s",stname[n]);     break;      /*修改姓名*/
            case 3:scanf("%d",&math[n]);      break;      /*修改 math 成绩*/
            case 4:scanf("%d",&eng[n]);           break;      /*修改 eng 成绩*/
            default: printf("error\n");           error=1;      /*报错并将 error 置 1*/
        }
        /*error=0 即没有报错的情况下输出修改后的学生信息*/
        if(!error)
        {
            printf("modify access!\n");
            printf("your new message:\n");
            printf("%s\t%s\t%d\t%d\n",stnum[n],stname[n],math[n],eng[n]);
        }
    }
}
```

程序运行结果如图 2-21 所示。

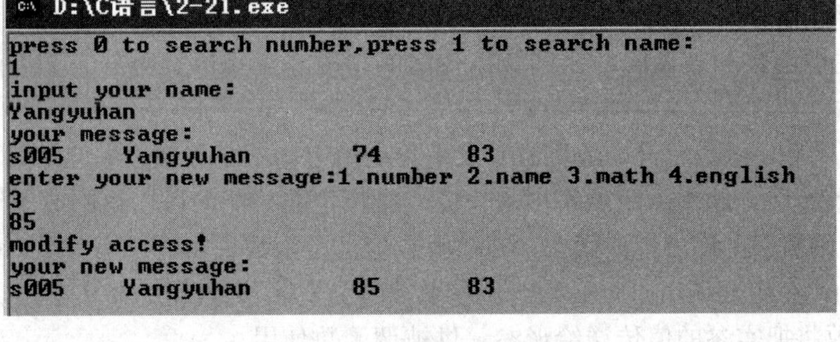

图 2-21　例 2-21 程序运行结果

三、拓展应用

(1) 设计一个函数，对含有 N 个元素的一维整型数组进行清零。

(2) 将例 2-14 的排序功能改为一个排序函数。

四、扩展阅读

1．概述

在项目一中已经介绍过，C 源程序是由函数组成的。虽然在前面各任务的程序中都只有一个主函数 main()，但实用程序往往由多个函数组成。函数是C源程序的基本模块，通过对函数模块的调用实现特定的功能。C 语言中的函数相当于其他高级语言的子程序。C 语言不仅提供了极为丰富的库函数(如 Turbo C、MS C 都提供了三百多个库函数)，还允许用户建立自己定义的函数。用户可以把自己的算法编成一个个相对独立的函数模块，然后用调用的方法来使用函数。

可以说 C 程序的全部工作都是由各式各样的函数完成的，所以也把C语言称为函数式语言。由于采用了函数模块式的结构，因此 C 语言易于实现结构化程序设计。结构化程序设计可以使程序的层次结构清晰，便于程序的编写、阅读、调试。

在 C 语言中可从不同的角度对函数分类。

(1) 从函数定义的角度看，函数可分为库函数和用户定义函数两种。

① 库函数：由 C 系统提供，用户无须定义，也不必在程序中作类型说明，只需在程序前包含有该函数原型的头文件即可在程序中直接调用。在前面的例题中反复用到的 printf、scanf、getchar、putchar、gets、puts、strcat 等函数均属此类。

② 用户定义函数：由用户按需要编写的函数。对于用户自定义函数，不仅要在程序中定义函数本身，而且在主调函数模块中还必须对该被调函数进行类型说明，然后才能使用。

(2) C 语言的函数兼有其他语言中的函数和过程两种功能，从这个角度看，又可把函数分为有返回值函数和无返回值函数两种。

① 有返回值函数：此类函数被调用执行完后将向调用者返回一个执行结果，称为函数返回值，如数学函数即属于此类函数。由用户定义的这种要返回函数值的函数，必须在函数定义和函数说明中明确返回值的类型。

② 无返回值函数：此类函数用于完成某项特定的处理任务，执行完成后不向调用者返回函数值，这类函数类似于其他语言的过程。由于函数无须返回值，用户在定义此类函数时可指定它的返回为"空类型"，空类型的说明符为"void"。

(3) 从主调函数和被调函数之间数据传送的角度看，函数又可分为无参函数和有参函数两种。

① 无参函数：函数定义、函数说明及函数调用中均不带参数，主调函数和被调函数之间不进行参数传送。此类函数通常用来完成一组指定的功能，可以返回或不返回函数值。

② 有参函数：也称为带参函数，其在函数定义及函数说明时都有参数，称为形式参数(简称为形参)，在函数调用时也必须给出参数，称为实际参数(简称为实参)。进行函数调用时，主调函数将把实参的值传送给形参，供被调函数使用。

还应该指出的是，在 C 语言中，所有的函数定义，包括主函数 main 在内，都是平行的。也就是说，在一个函数的函数体内，不能再定义另一个函数，即不能嵌套定义。但是函数之间允许相互调用，也允许嵌套调用。习惯上把调用者称为主调函数。函数还可以自己调用自己，称为递归调用。main 函数是主函数，它可以调用其他函数，而不允许被其他函数调用。因此，C 程序的执行总是从 main 函数开始，完成对其他函数的调用后再返回到 main 函数，最后由 main 函数结束整个程序。一个 C 源程序必须有，也只能有一个主函数 main。

2. 函数定义的一般形式

1) 无参函数的一般形式

```
类型说明符  函数名()
{
    类型说明;
    语句;
}
```

其中，类型说明符和函数名称为函数头。类型说明符指明了本函数的类型，函数的类型实际上是函数返回值的类型，该类型说明符与之前介绍的各种说明符相同。函数名是由用户定义的标识符，函数名后有一个空括号，其中无参数，但括号不可少。{} 中的内容称为函数体。在函数体中也有类型说明，这是对函数体内部所用到的变量的类型说明。在很多情况下都不要求无参函数有返回值，此时函数类型符可以写为 void。

定义一个函数：

```
void Hello()
{
    printf("Hello,world \n");
}
```

这里，Hello 作为函数名。Hello 函数是一个无参函数，当被其他函数调用时，输出"Hello world"字符串。

2) 有参函数的一般形式

```
类型说明符  函数名(形式参数表)
{
    类型说明;
    语句;
}
```

有参函数比无参函数多了一个形式参数表。在形参表中给出的参数称为形式参数，它们可以是各种类型的变量，各参数之间用逗号间隔。在进行函数调用时，主调函数将赋予这些形式参数实际的值。形参既然是变量，当然必须给以类型说明。例如，定义一个函数，用于求两个数中的较大值，可写为：

```
int max(a,b)
int a,b;
{
```

```
        if(a>b) return a;
        else return b;
    }
```

第一行说明 max 函数是一个整型函数，其返回的函数值是一个整数，形参为 a、b。第二行说明 a、b 均为整型量。a、b 的具体值是由主调函数在调用时传送过来的。在 {} 中的函数体内，除形参外没有使用其他变量，因此只有语句而没有变量类型说明。这种定义方法称为"传统格式"。这种格式不易于编译系统检查，从而会引起一些非常细微而且难于跟踪的错误。ANSI C 的新标准中把对形参的类型说明合并到形参表中，称为"现代格式"。例如，max 函数用现代格式可定义为：

```
    int max(int a,int b)
    {
        if(a>b) return a;
        else return b;
    }
```

函数调用的一般形式前面已经说过，在程序中是通过对函数的调用来执行函数体的，其过程与其他语言的子程序调用相似。C 语言中，函数调用的一般形式为：

        函数名(实际参数表)

对无参函数调用时则无实际参数表。实际参数表中的参数可以是常数、变量或其他构造类型数据及表达式。各实参之间用逗号分隔。在 C 语言中，可以用以下几种方式调用函数：

① 函数表达式。函数作为表达式中的一项出现在表达式中，以函数返回值参与表达式的运算。这种方式要求函数是有返回值的。例如，z=max(x,y);是一个赋值表达式，把 max 的返回值赋予变量 z。

② 函数语句。函数调用的一般形式加上分号即构成函数语句。例如，printf("%d",a); 和 scanf("%d",&b);都是以函数语句的方式调用函数。

③ 函数实参。函数作为另一个函数调用的实际参数出现。这种情况是把该函数的返回值作为实参进行传送，因此要求该函数必须是有返回值的。例如，printf("%d",max(x,y)); 即把 max 调用的返回值作为 printf 函数的实参来使用。

3. 函数的参数和函数的值

1) 函数的参数

前面已经介绍过，函数的参数分为形参和实参两种。下面进一步介绍形参、实参的特点和两者的关系。形参出现在函数定义中，在整个函数体内都可以使用，离开该函数则不能使用。实参出现在主调函数中，进入被调函数后，实参变量也不能使用。形参和实参的功能是作数据传送。发生函数调用时，主调函数把实参的值传送给被调函数的形参，从而实现主调函数向被调函数的数据传送。

函数的形参和实参具有以下特点：

(1) 形参变量只有在被调用时才分配内存单元，在调用结束时，即刻释放所分配的内存单元。因此，形参只有在函数内部有效。函数调用结束返回主调函数后则不能再使用该形参变量。

(2) 实参可以是常量、变量、表达式、函数等，无论实参是何种类型的量，在进行函数调用时，它们都必须具有确定的值，以便把这些值传送给形参。因此，应预先用赋值、输入等办法使实参获得确定值。

(3) 实参和形参在数量上、类型上、顺序上应严格一致，否则会发生"类型不匹配"的错误。

(4) 函数调用中进行的数据传送是单向的，即只能把实参的值传送给形参，而不能把形参的值反向地传送给实参。因此，在函数调用过程中，当形参的值发生改变时，实参中的值不会变化。下例可以说明这个问题。

例子:

```
void main()
{
    int n;
    printf("input number\n");
    scanf("%d",&n);
    s(n);
    printf("n=%d\n",n);
}
int s(int n)
{
    int i;
    for(i=n-1;i>=1;i--)
    n=n+i;
    printf("n=%d\n",n);
}
```

程序运行结果：

input number

100✓

n=5050

n=100

本程序中定义了一个函数 s，该函数的功能是求 1 到 n 之和。在主函数中输入 n 值，并作为实参，在调用时传送给 s 函数的形参量 n(注意，本例的形参变量和实参变量的标识符都为 n，但这是两个不同的量，各自的作用域不同)。在主函数中用 printf 语句输出一次 n 值，这个 n 值是实参 n 的值。在函数 s 中也用 printf 语句输出了一次 n 值，这个 n 值是形参最后取得的 n 值。从程序运行情况看，输入 n 值为 100，即实参 n 的值为 100。把此值传给函数 s 时，形参 n 的初值也为 100，在执行函数过程中，形参 n 的值变为 5050。返回主函数之后，输出实参 n 的值仍为 100。可见实参的值不随形参的变化而变化。

2) 函数的值

函数的值是指函数被调用之后，执行函数体中的程序段所取得的并返回给主调函数的值，如调用正弦函数取得正弦值，调用 max 函数取得最大数等。对函数的值(或称函数返回值)有以下一些说明：

(1) 函数的值只能通过 return 语句返回给主调函数。return 语句的一般形式为：

      return 表达式;

或者为

       return (表达式);

该语句的功能是计算表达式的值，并返回给主调函数。在函数中允许有多个 return 语句，但每次调用只能有一个 return 语句被执行，因此只能返回一个函数值。

(2) 函数值的类型和函数定义中函数的类型应保持一致。如果两者不一致，则以函数类型为准，自动进行类型转换。

(3) 如函数值为整型，在函数定义时可以省去类型说明。

(4) 不返回函数值的函数，可以明确定义为"空类型"，类型说明符为"void"。

一旦函数被定义为空类型后，就不能在主调函数中使用被调函数的函数值了。例如，在定义 s 为空类型后，在主函数中写语句 sum=s(n); 就是错误的。为了使程序有良好的可读性并减少出错，凡不要求返回值的函数都应定义为空类型。在主调函数中调用某函数之前应对该被调函数进行函数声明，这与使用变量之前要先进行变量说明是一样的。在主调函数中对被调函数作声明的目的是使编译系统知道被调函数返回值的类型，以便在主调函数中按此种类型对返回值作相应的处理。对被调函数的声明也有两种格式：传统格式和现代格式。

传统格式的一般格式为：

      类型说明符　被调函数名();

这种格式只给出函数返回值的类型、被调函数名及一个空括号。由于在括号中没有任何参数信息，因此不便于编译系统进行错误检查，易于发生错误。

现代格式的一般形式为：

      类型说明符 被调函数名(类型 形参，类型 形参…);

或为

      类型说明符 被调函数名(类型，类型…);

现代格式的括号内给出了形参的类型和形参名，或只给出形参类型。这便于编译系统进行检错，以防止可能出现的错误。

例如，对 max 函数的声明若用传统格式可写为

      int max();

用现代格式可写为

      int max(int a,int b);

或写为

      int max(int,int);

C 语言中又规定，在以下几种情况下可以省去主调函数中对被调函数的函数说明：

(1) 如果被调函数的返回值是整型或字符型时，可以不对被调函数作声明，而直接调用，这时系统将自动对被调函数返回值按整型处理。

(2) 当被调函数的函数定义出现在主调函数之前时，在主调函数中也可以不对被调函数再作声明而直接调用。如函数 max 的定义放在 main 函数之前，因此可在 main 函数中省去对 max 函数的函数声明 int max(int a,int b);。

(3) 如在所有函数定义之前，在函数外预先声明了各个函数的类型，则在以后的各主调函数中，可不再对被调函数作声明。例如：

```
char str(int a);
float f(float b);
main()
{
    …
}
char str(int a)
{
    …
}
float f(float b)
{
    …
}
```

其中第 1、2 行对 str 函数和 f 函数预先作了说明，因此在以后各函数中无须对 str 和 f 函数再作说明就可直接调用。

(4) 对库函数的调用不需要再作说明，但必须把该函数的头文件用 include 命令包含在源文件前部。

4．数组作为函数参数

数组可以作为函数的参数使用，进行数据传送。数组用作函数参数有两种形式：一种是把数组元素(下标变量)作为实参使用；另一种是把数组名作为函数的形参和实参使用。

当数组元素作函数实参时数组元素就是下标变量，它与普通变量并无区别。因此它作为函数实参使用与普通变量是完全相同的，在进行函数调用时，把作为实参的数组元素的值传送给形参，实现单向的值传送。用数组名作为函数参数如例 2-17 所示。

用数组名作函数参数与用数组元素作实参有几点不同：

(1) 用数组元素作实参时，只要数组类型和函数的形参变量的类型一致，那么作为下标变量的数组元素的类型也和函数形参变量的类型是一致的。因此，并不要求函数的形参也是下标变量。换句话说，对数组元素的处理是按普通变量对待的。用数组名作函数参数时，则要求形参和相对应的实参都必须是类型相同的数组，都必须有明确的数组说明。当形参和实参二者不一致时，即会发生错误。

(2) 在普通变量或下标变量作函数参数时，形参变量和实参变量由编译系统分配两个不同的内存单元。在函数调用时发生的值传送把实参变量的值赋予形参变量。在用数组名作函数参数时，不是进行值的传送，即不是把实参数组的每一个元素的值都赋予形参数组的各个元素。因为实际上形参数组并不存在，编译系统不为形参数组分配内存。那么，数据的传送是如何实现的呢？其实前面提到过，数组名就是数组的首地址，因此在数组名作函数参数时所进行的传送只是地址的传送，也就是说把实参数组的首地址赋予形参数组名。形参数组名取得该首地址之后，也就等于有了实在的数组。实际上，形参数组和实参数组为同一数组，共同拥有一段内存空间。

5. 函数的嵌套调用

C 语言中不允许作嵌套的函数定义。因此各函数之间是平行的，不存在上一级函数和下一级函数的问题。但是 C 语言允许在一个函数的定义中出现对另一个函数的调用。这样就出现了函数的嵌套调用，即在被调函数中又调用其他函数。这与其他语言的子程序嵌套的情形是类似的。

6. 变量的作用域

在讨论函数的形参变量时曾经提到，形参变量只在被调用期间才分配内存单元，调用结束立即释放。这一点表明形参变量只有在函数内才是有效的，离开该函数就不能再使用了。这种变量有效性的范围称为变量的作用域。不仅对于形参变量，C 语言中所有的量都有自己的作用域。变量说明的方式不同，其作用域也不同。C 语言中的变量，按作用域范围可分为两种，即局部变量和全局变量。

1) 局部变量

局部变量也称为内部变量。局部变量是在函数内作定义说明的。其作用域仅限于函数内，离开该函数后再使用这种变量是非法的。例如：

```
int f1(int a)          /*函数 f1*/
{
  int b,c;
  …
}a,b,c 作用域
int f2(int x)          /*函数 f2*/
{
  int y,z;
}x,y,z 作用域
main()
{
  int m,n;
}m,n 作用域
```

在函数 f1 内定义了三个变量，a 为形参，b、c 为一般变量。在 f1 的范围内 a、b、c 有效，或者说 a、b、c 变量的作用域限于 f1 内。同理，x、y、z 的作用域限于 f2 内，m、n 的作用域限于 main 函数内。关于局部变量的作用域还要说明以下几点：

(1) 主函数中定义的变量也只能在主函数中使用，不能在其他函数中使用。同时，主函数中也不能使用其他函数中定义的变量，因为主函数也是一个函数，它与其他函数是平行关系。这一点是与其他语言不同的，应予以注意。

(2) 形参变量是属于被调函数的局部变量，实参变量是属于主调函数的局部变量。

(3) C 语言允许在不同的函数中使用相同的变量名，它们代表不同的对象，分配不同的单元，互不干扰，也不会发生混淆。

(4) 在复合语句中也可定义变量，其作用域只在复合语句范围内。例如，

```
main()
{
    int s,a;
    …
    {
        int b;
        s=a+b;
        …
    }  b 作用域
    …
}s,a 作用域
```

例子：

```
main()
{
    int i=2,j=3,k;
    k=i+j;
    {
        int k=8;
        int i=3; printf("%d\n",k);
    }
    printf("%d\n%d\n",i,k);
}
```

本程序在 main 中定义了 i、j、k 三个变量，其中 k 未赋初值。而在复合语句内又定义了一个变量 k，并赋初值为 8。应该注意这两个 k 不是同一个变量，在复合语句外由 main 定义的 k 起作用，而在复合语句内则由在复合语句内定义的 k 起作用。因此，程序第 4 行的 k 为 main 所定义，其值应为 5；第 7 行输出 k 值，该行在复合语句内，由复合语句内定义的 k 起作用，其初值为 8，故输出值为 8。第 9 行输出 i、k 的值。i 是在整个程序中有效的，第 7 行对 i 赋值为 3，故此时 i 值为 3；而第 9 行已在复合语句之外，输出的 k 应为 main 所定义的 k，此 k 值由第 4 行已获得为 5，故输出也为 5。

2) 全局变量

全局变量也称为外部变量，它是在函数外部定义的变量。全局变量不属于某一个函数，它属于一个源程序文件，其作用域是整个源程序。在函数中使用全局变量，一般应作全局变量说明。只有在函数内经过说明的全局变量才能使用。全局变量的说明符为 extern。但在一个函数之前定义的全局变量，在该函数内使用可不再加以说明。

例子:

```
int a,b;        /*外部变量*/
void f1()       /*函数 f1*/
{
    ...
}
float x,y;      /*外部变量*/
int fz()        /*函数 fz*/
{
    ...
}
main()          /*主函数*/
{
    ...
}/*全局变量 x、y 作用域，全局变量 a、b 作用域*/
```

从本例可以看出，a、b、x、y 都是在函数外部定义的外部变量，都是全局变量。但 x、y 定义在函数 f1 之后，而在 f1 内又无对 x、y 的说明，所以它们在 f1 内无效。a、b 定义在源程序最前面，因此在 f1、f2 及 main 内不加说明也可使用。

例子：输入正方体的长宽高 l、w、h。求体积及三个面 x×y、x×z、y×z 的面积。

```
int s1,s2,s3;
int vs( int a,int b,int c)
{
    int v;
    v=a*b*c;
    s1=a*b;
    s2=b*c;
    s3=a*c;
    return v;
}
main()
{
    int v,l,w,h;
    printf("\ninput length,width and height\n");
    scanf("%d%d%d",&l,&w,&h);
    v=vs(l,w,h);
    printf("v=%d s1=%d s2=%d s3=%d\n",v,s1,s2,s3);
}
```

本程序中定义了三个外部变量 s1、s2、s3，用来存放三个面积，其作用域为整个程序。函数 vs 用来求正方体体积和三个面积，函数的返回值为体积 v。由主函数完成长、宽、高的输入及结果输出。由于 C 语言规定函数返回值只有一个，当需要增加函数的返回数据时，用外部变量是一种很好的方式。本例中，如不使用外部变量，在主函数中就不可能取得 v、s1、s2、s3 四个值。而采用了外部变量，在函数 vs 中求得的 s1、s2、s3 值在 main 中仍然有效。因此外部变量是实现函数之间数据通信的有效手段。

对于全局变量还有以下几点说明：

(1) 对于局部变量的定义和说明，可以不加以区分。而对于外部变量则不然，外部变量的定义和外部变量的说明并不是一回事。外部变量定义必须在所有的函数之外，且只能定义一次。其一般形式为：

　　　　[extern] 类型说明符　变量名，变量名…；

其中方括号内的 extern 可以省去不写。例如：

　　　　int a,b;

等效于：

　　　　extern int a,b;

而外部变量说明出现在要使用该外部变量的各个函数内，在整个程序内，可能出现多次。

外部变量说明的一般形式为：

　　　　extern 类型说明符　变量名，变量名，…；

外部变量在定义时就已分配了内存单元，外部变量定义可作初始赋值，外部变量说明不能再赋初始值，只是表明在函数内要使用某个外部变量。

(2) 外部变量可加强函数模块之间的数据联系，但是又使函数要依赖这些变量，因而使得函数的独立性降低。从模块化程序设计的观点来看这是不利的，因此在不必要时尽量不要使用全局变量。

(3) 在同一源文件中，允许全局变量和局部变量同名。在局部变量的作用域内，全局变量不起作用。

例子：

```
int vs(int l,int w)
{
    extern int h;
    int v;
    v=l*w*h;
    return v;
}
main()
{
    extern int w,h;
    int l=5;
    printf("v=%d",vs(l,w));
}
int l=3,w=4,h=5;
```

本例程序中，外部变量在最后定义，因此在前面函数中对要用的外部变量必须进行说明。外部变量 1、w 与 vs 函数的形参 1、w 同名。外部变量都作了初始赋值，mian 函数中也对 1 作了初始化赋值。执行程序时，在 printf 语句中调用 vs 函数，实参 1 的值应为 main 中定义的 1 值，等于 5，外部变量 1 在 main 内不起作用；实参 w 为外部变量，w 的值为 4，进入 vs 后这两个值传送给形参 1、w。vs 函数中使用的 h 为外部变量，其值为 5，因此 v 的计算结果为 100，返回主函数后输出。各种变量的作用域不同，就其本质来说是因为变量的存储类型不相同。所谓存储类型，指变量占用内存空间的方式，也称为存储方式。

任务 2-6　　成绩管理系统设计

一、设计要求

设计一个学生成绩管理系统。要求：① 用键盘输入学生信息；② 按键选择相应操作；③ 具有查找、排序、统分、修改等功能。

二、方案论证

将学生姓名、学生学号分别用二维数组 stname 和 stnum 存放，学生每科成绩各用一个一维数组存放。以模块化程序设计方法分别写出输入、查找、修改、删除、统分、排序、退出等各个功能的子函数，在主函数中根据输入选择相应的操作。系统总流程图如图 2-22 所示。

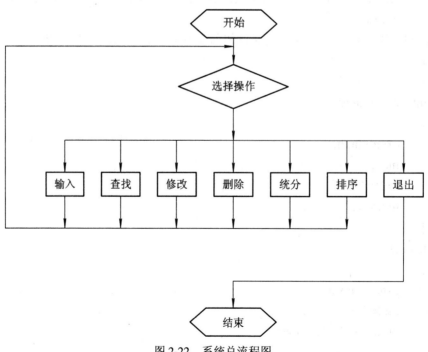

图 2-22　系统总流程图

其中，每个功能函数由前面的各个例题进行修改后编写。

三、系统实现

参考源代码如下：

```
#include"stdio.h"
#define N 6                         /*学生人数宏定义*/
char stnum[N][12]={{"s001"},{"s002"},{"s003"},{"s004"},{"s005"},{"s006"}};
char stname[N][12]={{"Zhangwei"},{"Lixianglan"},
                    {"Wangyansu"},{"Liujianyi"},
                    {"Yangyuhan"},{"Zhangling"}};
                                     /*学生姓名、学号为二维数组，定义为全局变量*/
char stnum1[N][12],stname1[N][12];    /*按学生姓名、学号排序时用的中转数组*/
int seq[N]={0,1,2,3,4,5};             /*输出学生信息顺序专用数组*/
int math[N]={85,73,82,98,82,69};
int eng[N]={81,96,80,68,96,74};       /*学生数学、英语成绩数组定义为全局变量*/
int en1[N],ma1[N];                    /*按学生数学、英语成绩排序时用的中转数组*/
int select,q=0;                       /*选择相应操作的变量与退出系统的变量定义*/
/*函数声明*/
void title(void);                     /*标题函数*/
void process(void);                   /*信息处理函数*/

void inputdata(void);                 /*输入总函数*/
void getn(char a[N][12]);             /*输入二维字符数组函数*/
void getscore(int a[N]);              /*输入一维整型数组函数*/
void outputdata(void);                /*按 seq 数组的顺序输出信息函数*/

void search(void);                    /*查找总函数*/
void searchnum(void);                 /*按学号查找函数*/
void searchname(void);                /*按姓名查找函数*/
void searchmath(void);                /*按数学成绩查找函数*/
void searcheng(void);                 /*按英语成绩查找函数*/
void searchscore(int a[N]);           /*按数值查找函数*/
void srhout(int n);                   /*只输出第 n 个学生信息函数*/

void modify(void);                    /*学生信息修改函数*/

void del(void);                       /*学生信息删除函数*/

void calculate(void);                 /*课程成绩详情总函数*/
float average(int a[N]);              /*平均值函数*/
```

```
    int highest(int a[N]);              /*最大值函数*/
    int lowest(int a[N]);               /*最小值函数*/

    void sort(void);                    /*排序总函数*/
    void sortnum(void);                 /*按学号排序函数*/
    void sortname(void);                /*按姓名排序函数*/
    void sortmath(void);                /*按数学成绩排序函数*/
    void sorteng(void);                 /*按英语成绩排序函数*/
    void sortn(char a[N][12],char b[N][12],int c[N]);  /*按字符数组排序函数*/
    void sortscore(int a[N],int b[N],int c[N]);        /*按整型数组排序函数*/

    void quit(void);                    /*退出系统函数*/

/*主函数*/
void main()
{
    while(!q)                           /*当退出标志 q=0(不退出系统)时循环*/
    {
        title();
        process();
    }
}
/*标题函数，显示一系列提示信息*/
void title(void)
{
    printf("---------Welcome!---------\n");
    printf("please select:\n");
    printf("1.input all messages\n");
    printf("2.search\n");
    printf("3.modify\n");
    printf("4.delete\n");
    printf("5.course score details\n");
    printf("6.sort\n");
    printf("7.quit the system\n");
}
/*信息处理函数*/
void process(void)
{
    scanf("%d",&select);                /*键盘输入 select 值*/
```

```
        switch(select)                        /*根据 select 值调用相应函数*/
        {
            case 1: inputdata();  break;       /*输入 1 时调用输入总函数*/
            case 2: search();     break;       /*输入 2 时调用查找总函数*/
            case 3: modify();     break;       /*输入 3 时调用信息修改总函数*/
            case 4: del();        break;       /*输入 4 时调用信息删除总函数*/
            case 5: calculate();  break;       /*输入 5 时调用课程成绩详情总函数*/
            case 6: sort();       break;       /*输入 6 时调用排序总函数*/
            case 7: quit();       break;       /*输入 7 时退出系统函数*/
            default:printf("error,please check again\n");   /*非法输入时显示提示信息*/
        }
        printf("press any key to continue!\n");   /*按任意键继续*/
        getche();
}
/*输入二维字符数组函数*/
void getn(char a[N][12])
{
    int i;
    for(i=0;i<N;i++)
        scanf("%s",a[i]);
}
/*输入一维整型数组函数*/
void getscore(int a[N])
{
    int i;
    for(i=0;i<N;i++)
        scanf("%d",&a[i]);
}
/*输入总函数，依次输入学生信息*/
void inputdata(void)
{
    printf("input all students' number:\n");
    getn(stnum);                              /*输入学号存入 stnum 数组*/
    printf("input all students' name:\n");
    getn(stname);                             /*输入姓名存入 stname 数组*/
    printf("input all students' math:\n");
    getscore(math);                           /*输入成绩存入 math 数组*/
    printf("input all students' eng:\n");
    getscore(eng);                            /*输入成绩存入 eng 数组*/
```

```
        printf("messages you sent:\n");
        outputdata();                          /*显示所有输入的信息*/
    }
/*按 seq 数组的顺序输出信息函数*/
void outputdata(void)
{
    int i;
    for(i=0;i<N;i++)
        printf("%s\t%s\t%d\t%d\n",
        stnum[seq[i]],stname[seq[i]],math[seq[i]],eng[seq[i]]);
}
/*输出序号为 n 的学生信息*/
void srhout(int n)
{
    if(n==-1)
        printf("no message,please check again!\n");
    else
    {
        printf("your message:\n");
        printf("%s\t%s\t%d\t%d\n",stnum[n],stname[n],math[n],eng[n]);
    }
}
/*查找总函数*/
void search(void)
{
    int choice;
    printf("choose a search way:1.number 2.name 3.mathsocre 4.engscore\n");
    scanf("%d",&choice);                       /*输入 choice 选择查找方式*/
    switch(choice)
    {
        case 1: searchnum();      break;       /*输入 1 选择按学号查找*/
        case 2: searchname();     break;       /*输入 2 选择按姓名查找*/
        case 3: searchmath();     break;       /*输入 3 选择按数学成绩查找*/
        case 4: searcheng();      break;       /*输入 4 选择按英语成绩查找*/
        default:printf("error,please check again\n");  /*非法输入时显示提示信息*/
    }
}
/*按数学成绩查找函数*/
void searchmath(void)
```

```
{
        searchscore(math);        /*调用按一维整型数组(使用 math 数组)查找函数*/
}
/*按英语成绩查找函数*/
void searcheng(void)
{
        searchscore(eng);        /*调用按一维整型数组(使用 eng 数组)查找函数*/
}
/*按学号查找函数，见例 2-19*/
void searchnum(void)
{
    int i,flag=0;
    char num[12];
    printf("input your number:\n");
    scanf("%s",num);
    for(i=0;i<N;i++)
        if(strcmp(num,stnum[i])==0)
        {
            flag=1;
            srhout(i);
        }
    if(!flag)    i=-1;


}
/*按姓名查找函数，见例 2-19*/
void searchname(void)
{
    int i,flag=0;
    char name[12];
    printf("input your name:\n");
    scanf("%s",name);
    for(i=0;i<N;i++)
        if(strcmp(name,stname[i])==0)
        {
            flag=1;
            srhout(i);
        }
    if(!flag)    i=-1;
}
```

```c
/*按一维整型数组查找函数*/
void searchscore(int a[N])
{
    int t,i,flag;
    printf("input the score you want to search:\n");
    scanf("%d",&t);                    /*输入要查找的数值存入变量 t */
    flag=0;
    for(i=0;i<N;i++)
    {
        if(t==a[i])                    /*比较数组元素与 t，若相同则输出该学生信息*/
        {
            printf("%s\t%s\t%d\t%d\n",stnum[i],stname[i],math[i],eng[i]);
            flag=1;                    /* flag=1 表示已找到相应数值*/
        }
    }
    if(flag==0)    printf("sorry,there is no such score!\n");/*未找到则输出报错信息*/
}
/*学生信息修改函数，见例 2-21*/
void modify(void)
{
    int i,j,name[12],flag=0,error=0;
    printf("input the student's name:\n");
    scanf("%s",name);
    for(i=0;i<N;i++)
        if(strcmp(name,stname[i])==0)
        {
            flag=1;
            break;
        }
    if(!flag)    i=-1;
    if(i==-1)
        printf("no message,please check again\n");
    else
    {
        printf("your message:\n");
        printf("%s\t%s\t%d\t%d\n",stnum[i],stname[i],math[i],eng[i]);
        printf("enter your new message:1.number 2.name 3.math 4.english\n");
        scanf("%d",&j);
        switch(j)
```

```
        {
            case 1:scanf("%s",stnum[i]);        break;
            case 2:scanf("%s",stname[i]);       break;
            case 3:scanf("%d",&math[i]);        break;
            case 4:scanf("%d",&eng[i]);         break;
            default: printf("error\n");             error=1;
        }
        if(!error)
        {
            printf("modify access!\n");
            printf("your new message:\n");
            printf("%s\t%s\t%d\t%d\n",
                stnum[i],stname[i],math[i],eng[i]);
        }
    }
}
```

/*学生信息删除函数*/
```
void del(void)
{
    char    name[12],flag,t2[12]="";
    int     i,j,t;
    printf("input the name you want delete:\n");
    scanf("%s",name);           /*输入要删除信息的学生姓名，存入 name 数组*/
    for(i=0;i<N;i++)
    {
        if(strcmp(name,stname[i])==0)    /*找出与 name 数组相同的学生姓名*/
        {
            strcpy(stname[i],t2);        /*将该学生姓名信息赋值为空字符串*/
            strcpy(stnum[i],t2);         /*将该学生学号信息赋值为空字符串*/
            math[i]=eng[i]=0;            /*将该学生数学和英语成绩赋值为 0*/
            break;
        }
    }
    if(i==N)  printf("sorry,there is no such name!\n");/*未找到相同姓名则报错*/
    else      printf("deleted finished!\n");            /*否则显示修改成功信息*/
}
```
/*课程成绩详情总函数，见例 2-20*/
```
void calculate(void)
{
```

```c
    int i,subject,temp[N],error=0;
    printf("choose a subject:1.math 2.english\n");
    scanf("%d",&subject);
    switch(subject)
    {
        case 1:for(i=0;i<N;i++) temp[i]=math[i];      break;
        case 2:for(i=0;i<N;i++) temp[i]=eng[i];       break;
        default:printf("error,please check again!\n"); error=1;
    }
    if(!error)
    {
        printf("the average score of this course is:%2.2f\n",average(temp));
        printf("the highest score of this course is:%d\n",highest(temp));
        printf("the lowest score of this course is:%d\n",lowest(temp));
    }
}
/*求平均值函数，见例 2-20*/
float average(int a[N])
{
    int i;
    float avg=0;
    for(i=0;i<N;i++)
        avg+=a[i];
    avg/=N;
    return avg;
}
/*求最大值函数，见例 2-20*/
int highest(int a[N])
{
    int i,hscr=a[0];
    for(i=1;i<N;i++)
        if(hscr<a[i])    hscr=a[i];
    return hscr;
}
/*求最小值函数，见例 2-20*/
int lowest(int a[N])
{
    int i,lscr=a[0];
    for(i=1;i<N;i++)
```

```
            if(lscr>a[i])      lscr=a[i];
        return lscr;
}
/*排序总函数*/
void sort(void)
{
    int choice,error=0;
    printf("choose a sort way:1.number 2.name 3.mathsocre 4.engscore\n");
    scanf("%d",&choice);      /*选择排序方式*/
    switch(choice)
    {
        case 1: sortnum();          break;      /*输入 1 选择按学号排序*/
        case 2: sortname();         break;      /*输入 2 选择按姓名排序*/
        case 3: sortmath();         break;      /*输入 3 选择按数学成绩排序*/
        case 4: sorteng();          break;      /*输入 4 选择按英语成绩排序*/
        default:printf("error,please check again\n");error=1; ;
    }
    if(!error)   outputdata();      /*排序完成后输出学生信息*/
}
/*按学号排序函数*/
void sortnum(void)
{
    sortn(stnum,stnum1,seq);      /*调用按字符数组(使用 stnum 数组)排序函数*/
}
/*按姓名排序函数*/
void sortname(void)
{
    sortn(stname,stname1,seq);      /*调用按字符数组(使用 stname 数组)排序函数*/
}
/*按数学成绩排序函数*/
void sortmath(void)
{
    sortscore(math,ma1,seq);      /*调用按整型数组(使用 math 数组)排序函数*/
}
/*按英语成绩排序函数*/
void sorteng(void)
{
    sortscore(eng,en1,seq);      /*调用按整型数组(使用 eng 数组)排序函数*/
}
```

```
/*按字符数组排序函数，见例2-14*/
void sortn(char a[N][12],char b[N][12],int c[N])
{
    int i,j,flag,rep;
    char temp[12];
    for(i=0;i<N;i++)
        strcpy(b[i],a[i]);
    for(i=0;i<N-1;i++)
    {
        flag=1;
        for(j=0;j<N-1-i;j++)
        {
            if(strcmp(b[j],b[j+1])>0)
            {
                strcpy(temp,b[j]);
                strcpy(b[j],b[j+1]);
                strcpy(b[j+1],temp);
                flag=0;
            }
        }
        if(flag)    break;
    }
    for(i=0;i<N;i++)
    {
        rep=1;
        for(j=0;j<N;j++)
        {
            if((i-rep>=0)&&strcmp(b[i],b[i-rep])==0&&strcmp(b[i],a[j])==0)
            {
                rep++;   continue;
            }
            if(strcmp(b[i],a[j])==0)
            {
                c[i]=j;   break;
            }
        }
    }
}
/*按整型数组排序函数*/
```

```
void sortscore(int a[N],int b[N],int c[N])
{
    int temp,rep,i,j,flag;
    for(i=0;i<N;i++)
        b[i]=a[i];
    for(i=0;i<N-1;i++)
    {
        flag=1;
        for(j=0;j<N-1-i;j++)
        {
            if(b[j]<b[j+1])
            {
                temp=b[j];
                b[j]=b[j+1];
                b[j+1]=temp;
                flag=0;
            }
        }
        if(flag) break;
    }

    for(i=0;i<N;i++)
    {
        rep=1;
        for(j=0;j<N;j++)
        {
            if((i-rep>=0)&&b[i]==b[i-rep]&&b[i]==a[j])
            {
                rep++;   continue;
            }
            if(b[i]==a[j])
            {
                c[i]=j;   break;
            }
        }
    }
}
/*退出系统函数*/
void quit(void)
```

```
    {
        q=1;              /*对退出标志 q 置位*/
    }
```

程序运行结果如图 2-23(a)～(i)所示。

(a) 程序运行界面

(b) 输入信息

(c) 按学号查找信息

```
D:\C语言\project2.exe
-----------Welcome!----------
please select:
1.input all messages
2.search
3.modify
4.delete
5.course score details
6.sort
7.quit the system
2
choose a search way:1.number 2.name 3.mathsocre 4.engscore
4
input the score you want to search:
68
s004    Liujianyi        98        68
press any key to continue!
```

(d) 按英语成绩查找信息

```
D:\C语言\project2.exe
-----------Welcome!----------
please select:
1.input all messages
2.search
3.modify
4.delete
5.course score details
6.sort
7.quit the system
3
input the student's name:
Yangyuhan
your message:
s005    Yangyuhan        82        96
enter your new message:1.number 2.name 3.math 4.english
3
88
modify access!
your new message:
s005    Yangyuhan        88        96
press any key to continue!
```

(e) 修改信息

```
D:\C语言\project2.exe
-----------Welcome!----------
please select:
1.input all messages
2.search
3.modify
4.delete
5.course score details
6.sort
7.quit the system
4
input the name you want delete:
Zhangling
deleted finished!
press any key to continue!
```

(f) 删除信息

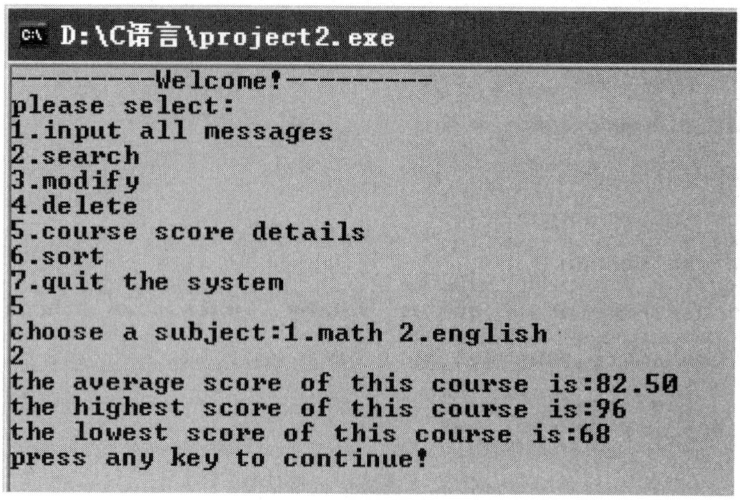

(g) 课程详情信息

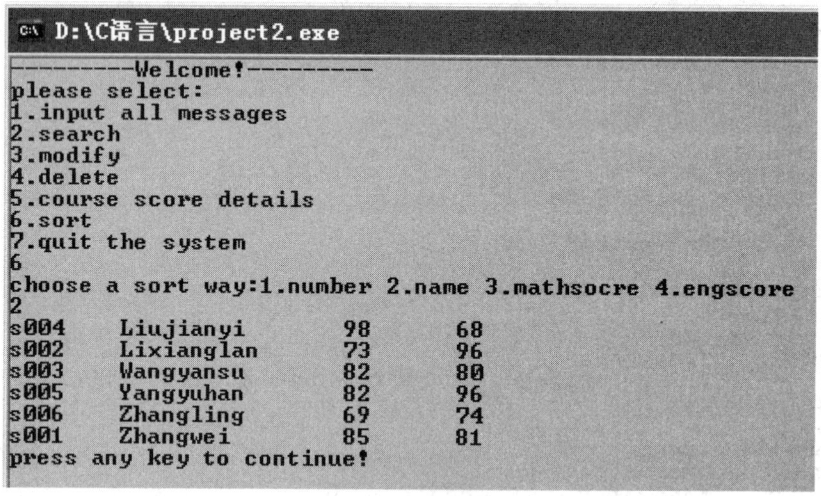

(h) 按姓名排序

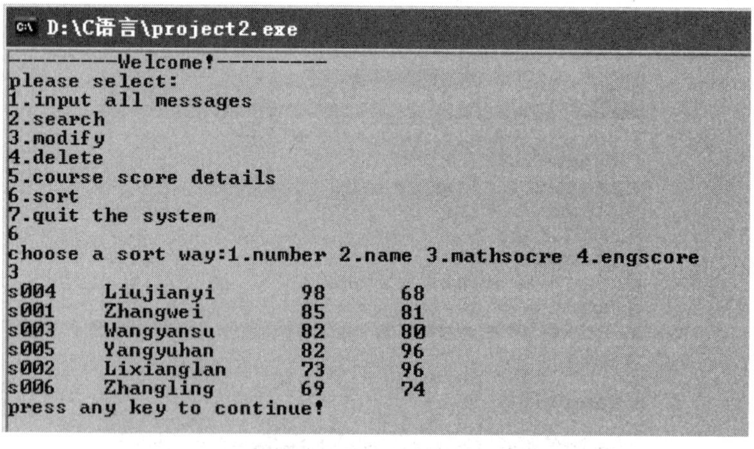

(i) 按数学成绩排序

图 2-23　学生成绩管理系统程序运行结果

说明：

(1) 大型程序在编写时，一般先将各个功能模块的相关函数分别编写调试，如本例中的 7 个功能模块分别对应的函数为 inputdata()、search()、modify()、del()、calculate()、sort()、quit()。每个功能模块可能包含多个与其相关的子函数，如 search()函数中调用的 searchnum()、searchname()、searchmath、searcheng()、searchscore()、srhout()。同一功能模块的子函数尽量放在一起。

(2) 各模块调试成功后再在主函数中进行联调，确保模块之间没有冲突并能正常运行。如本例中将 7 个功能模块放入 process()函数，根据输入的 choice 值选择调用哪个功能模块。联调时应将各种可能的输入情况全部运行一次，以确定程序的稳定性和完善性。

(3) 编写此类程序时应在相应位置加入适当的注释，便于调试过程中的查错，同时提高程序的可读性，让程序更有条理。

(4) 主函数一般非常简洁，应包含一个主循环，循环调用主流程的各个模块。如本例中的 while(!q){title();process();}。该主循环可设为不可退出的无限循环，如 while(1)，也可根据需要设为满足某条件可退出的形式，如本例的 q=1 时退出系统。

四、课外拓展提高

(1) 在成绩管理系统中加入一个功能，查找出 math 成绩低于平均分的所有学生信息。

(2) 在成绩管理系统的学生信息中加入一个 phy[N]整型数组，存放学生的物理成绩，需要在哪些位置作改动？应如何改？

(3) 设计一个电子电话号码簿，管理各个联系人的信息。包括联系人的姓名、手机、办公室电话、家庭电话、E-mail 等信息，可实现查找、排序、增加、删除等功能。

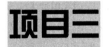

十字路口交通灯系统

☆ 知识技能

(1) 掌握基本位运算的含义、功能、优先级；

(2) 了解指针定义、运算，掌握用指针访问一维数组的方法；

(3) 了解指针函数，指针作为形参和实参的定义及使用；

(4) 了解指针访问结构体、访问二维数组和访问字符串的方法；

(5) 了解 MCS-51 系列单片机内部结构；

(6) 掌握 MCS-51 系列单片机 I/O 接口外围电路的搭建；

(7) 了解七段数码管的类型、引脚排列，掌握七段数码管的工作原理；

(8) 掌握单片机 I/O 接口与数码管的电路工作原理、应用和程序设计方法；

(9) 学会单片机端口包括按键的外围电路的搭建，了解键盘检测原理及应用；

(10) 掌握定时器的使用及定时中断程序的设计方法。

☆ 项目要求

本项目拟设计一个十字路口交通灯系统，用数码管分别显示东西与南北两个方向的红、绿、黄三色灯各自亮的时间。

☆ 项目内容

根据项目要求，本项目可分解为以下几个任务：

任务 3-1　红绿灯的亮灭控制——实现单片机 I/O 接口的输出功能。

任务 3-2　十字路口交通灯时间显示——引入数码管与单片机接口电路，显示设定数字。

任务 3-3　十字路口交通灯倒计时——引入定时器中断，使数码管显示精确的倒计时间，实现单片机 I/O 接口的输入功能。

任务 3-4　十字路口交通灯系统设计。

任务 3-1 红绿灯的亮灭控制

一、任务导读

每个十字路口都有指挥交通的红绿灯，那么是否可以利用单片机来设计对红绿灯的亮灭控制呢？答案是肯定的，本项目将利用单片机的I/O口来控制红绿灯的亮与灭。

上述任务的实现涉及了C51程序基本结构、基本编写方法、文件包含、位定义变量以及单片机I/O端口的输出功能。

二、案例讲解

【例3-1】 同时点亮P1.0脚控制的红灯、P1.1脚控制的绿灯和P1.2脚控制的黄灯。

参考源代码如下：

```
1.    #include <at89x51.h> /*头文件，包含单片机的内部资源*/
2.    main()              /*主函数*/
3.    {
4.        P1_0 =0;        /*红灯*/
5.        P1_1 =0;        /*绿灯*/
6.        P1_2 =0;        /*黄灯*/
7.        while(1);        /*保持程序一直运行*/
8.    }
```

程序运行结果如图3-1所示。

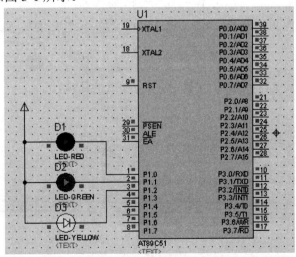

图3-1 例3-1程序运行结果

说明：

(1) 第1行为头文件包含。该头文件中有单片机内部资源的符号化定义，如第4～6行，单片机引脚的定义，就包含在头文件中。

(2) 第 4～6 行，给单片机引脚赋 0 值，表示给引脚加低电平使灯点亮，这是与电路连接方式相关的。

(3) 第 7 行，while(1)语句中的条件始终为真，后面加"；"表示 while 循环语句为空。

【例 3-2】 用 P1.0、P1.1、P1.2 连接的三个开关分别控制 P0.0 脚连接的红灯、P0.1 脚连接的绿灯、P0.2 脚连接的黄灯的亮灭。要求开关闭合时灯亮，断开时灯灭。

参考源代码如下：

```
1.    #include <at89x51.h>              /*头文件，包含单片机的内部引脚资源*/
2.    main()
3.    {
4.        while(1)                       /*无限循环*/
5.        {   if(P1!=0xff)               /*条件判定*/
6.        {
7.            if(P1_0==0)   P0=0xfe;     /*开关闭合，点亮红灯*/
8.            if(P1_1==0)   P0=0xfd;     /*开关闭合，点亮绿灯*/
9.            if(P1_2==0)P0=0xfb;        /*开关闭合，点亮黄灯*/
10.       }
11.           else   P0=0xff;            /*开关都断开时，灯都熄灭*/
12.       }
13.   }
```

程序运行结果如图 3-2 所示。

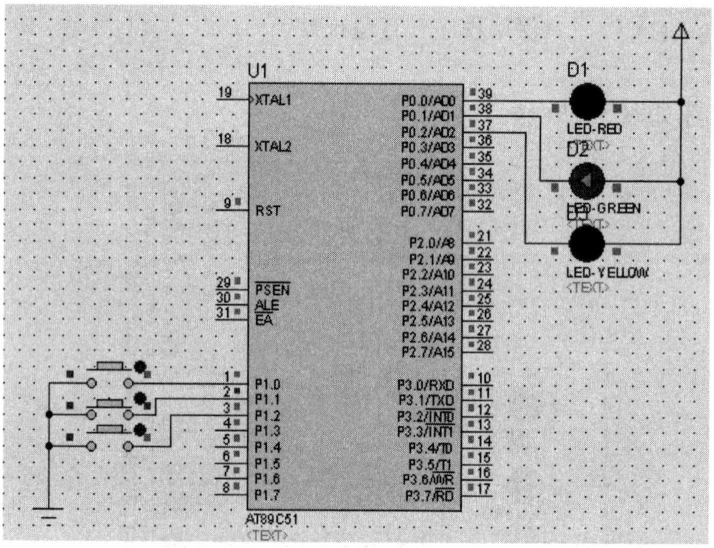

图 3-2 例 3-2 程序运行结果

说明：

(1) 第 5 行为条件判定语句，判定单片机的 P1 口是否全为高电平。如果不是，表示开关闭合，把 P1 脚的某个口的电平拉低了；如果是，表示 P1 口全为高电平，三个开关都没有闭合。

(2) 第 7～9 行判定哪个开关闭合，相应地去控制灯的亮灭，如 P0=1111 1110=0xfe，即

P0.0 脚为低电平，红灯亮。

【例 3-3】　依次点亮 P1.0 脚控制的红灯、P1.1 脚控制的绿灯和 P1.2 脚控制的黄灯，具体要求红灯先亮 1 s 后熄灭，接着绿灯亮 1 s 后熄灭，然后黄灯亮 1 s 后熄灭，再红灯亮 1 s 后熄灭，这样不断循环。

参考源代码如下：

```
1.   #include <at89x51.h>        /*头文件，包含单片机的内部引脚资源*/
2.   void delay();               /*延迟函数声明*/
3.   main()
4.   {
5.       while(1)                 /*无限循环*/
6.       {
7.           P1=0xfe;             /*亮 P1.0 脚控制的红灯*/
8.           delay();             /*调用延迟函数*/
9.           P1=0xfd;             /*亮 P1.1 脚控制的绿灯*/
10.          delay();             /*调用延迟函数*/
11.          P1=0xfb;             /*亮 P1.2 脚控制的黄灯*/
12.          delay();             /*调用延迟函数*/
13.      }
14.  }
15.  void delay()                 /*软件延迟函数，大约 1 s */
16.  {
17.      int i,j;
18.      for(i=0;i<1000;i++)      /*循环嵌套，执行次数 1000×115 次*/
19.          for(j=0;j<115;j++);
20.  }
```

程序运行结果如图 3-3 所示。

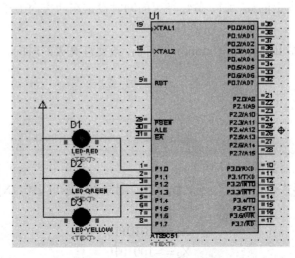

图 3-3　例 3-3 程序运行结果

说明：

(1) 第 2 行是延迟函数声明，函数声明后面必须加"；"，而且只能放在主函数 main() 之前。延迟函数类型为 void 型，不需要返回值；delay()括号里面为空，表示不带形参的函数，固定延时值。如果是带形参的延迟函数，可以任意更改延迟时间。

(2) 第 8 行为延迟函数的调用，不要忘了后面跟的"；"。在第 7 行和第 9 行间加延迟函数的目的是使人眼能观察到灯亮灭的变化，如果不加，由于单片机执行指令的时间为微秒级，灯亮灭变化太快，人眼无法辨别。

(3) 第 15～20 行为 1 s 的软件延迟，通过单片机执行指令需要的时间进行叠加，由 keil 软件仿真 sec 栏，得知执行 115 000 次指令需要的时间大约是 1 s，有毫秒级的误差。

三、拓展应用

(1) 在 P3.0 上形成一个占空比为 40% 的方波。

提示：

① 写一个能更改延迟时间的函数 delay(uint　utime)；

② 调节延迟函数 delay(uint　utime)的时间，改变 P3.0 端口上灯亮的时间与熄灭的时间，使其比例为 4∶6，从而得到占空比为 40%。

(2) 设计十字路口交通灯。只显示灯的状态，不要求显示时间。设定的十字路口交通灯按如下四个步骤循环工作：

● 南北红亮，东西绿亮；

● 南北红亮，东西黄亮；

● 南北绿亮，东西红亮；

● 南北黄亮，东西红亮。

单片机 I/O 口连接为：P1.0、P1.1、P1.2 分别接南北方向的红、绿、黄灯；P2.0、P2.1、P2.2 分别接东西方向的红、绿、黄灯。

提示：

① 设定南北方向上的红、绿、黄灯亮灭的同时设定东西方向上相应的红、绿、黄灯的亮灭；

② 调节延迟函数 delay(uint　utime)的时间，改变灯亮灭的时间。

四、扩展阅读

1. 计算机编码

1) 原码表示法

原码表示法是机器数的一种简单的表示法。其符号位用 0 表示正号，用 1 表示负号，数值一般用二进制形式表示。设有一个数为 X，则原码表示可记作 [X]$_原$。

例如：

$$X_1 = +1010110$$
$$X_2 = -1001010$$

其原码记作：

$$[X_1]_原 = [+1010110]_原 = 01010110$$
$$[X_2]_原 = [-1001010]_原 = 11001010$$

2) 补码表示法

机器数的补码可由原码得到。如果机器数是正数，则该机器数的补码与原码一样；如果机器数是负数，则该机器数的补码是对它的原码(除符号位外)各位取反，并在末位加 1 而得到的。设有一个数 X，则 X 的补码表示记作 $[X]_补$。

例如：

$$X_1 = +1010110$$
$$X_2 = -1001010$$
$$[X_1]_原 = 01010110$$
$$[X_1]_补 = 01010110$$

即

$$[X_1]_原 = [X_1]_补 = 01010110$$
$$[X_2]_原 = 11001010$$
$$[X_2]_补 = 10110101 + 1 = 10110110$$

3) 反码表示法

机器数的反码可由原码得到。如果机器数是正数，则该机器数的反码与原码一样；如果机器数是负数，则该机器数的反码是对它的原码(符号位除外)各位取反而得到的。设有一个数 X，则 X 的反码表示记作 $[X]_反$。

例如：

$$X_1 = +1010110$$
$$X_2 = -1001010$$
$$[X_1]_原 = 01010110$$
$$[X_1]_反 = [X_1]_原 = 01010110$$
$$[X_2]_原 = 11001010$$
$$[X_2]_反 = 10110101$$

反码通常作为求补过程的中间形式，即在一个负数的反码的末位上加 1，就得到了该负数的补码。

2. 位运算

在很多系统程序中常要求在位(bit)一级进行运算或处理。C 语言提供了位运算的功能，这使得 C 语言也能像汇编语言一样用来编写系统程序。

1) 按位与运算 &

按位与运算符 "&" 是双目运算符。其功能是参与运算的两数对应的二进位相与。只有对应的两个二进位均为 1 时，结果位才为 1；否则为 0。参与运算的数以补码方式出现。

例如，9&5 可写为如下算式：

$$00001001 \& 00000101$$

　　　　(9 的二进制补码)　　　　(5 的二进制补码)

结果为 00000001(1 的二进制补码)，可见 9&5=1。

　　按位与运算通常用来对某些位清 0 或保留某些位。例如，把 a 的高八位清 0，保留低八位，可作 a&255 运算(255 的二进制数为 0000000011111111)。

　　2) 按位或运算 |

　　按位或运算符"|"是双目运算符。其功能是参与运算的两数对应的二进位相或，只要对应的两个二进位有一个为 1，结果位就为 1。参与运算的两个数均以补码方式出现。例如，9|5 可写为如下算式：

$$00001001 | 00000101$$

结果为 00001101(十进制为 13)，可见 9|5=13。

　　3) 按位异或运算 ^

　　按位异或运算符"^"是双目运算符。其功能是参与运算的两数对应的二进位相异或，当两数对应的二进位相异时，结果为 1，参与运算的数仍以补码出现。例如，9^5 可写成如下算式：

$$00001001 \,{}^{\wedge}\, 00000101$$

结果为 00001100(十进制为 12)，可见 9^5=12。

　　4) 求反运算 ~

　　求反运算符"~"为单目运算符，具有右结合性。其功能是对参与运算的数的各二进位按位求反。例如，~9 的运算为：

$$\sim(0000000000001001)$$

结果为 1111111111110110。

　　5) 左移运算 <<

　　左移运算符"<<"是双目运算符。其功能是把"<<"左边的运算数的各二进位全部左移若干位，由"<<"右边的数指定移动的位数，高位丢弃，低位补 0。例如，a<<4 指把 a 的各二进位向左移动 4 位。如 a=00000011(十进制 3)，左移 4 位后为 00110000(十进制 48)。

　　6) 右移运算 >>

　　右移运算符">>"是双目运算符。其功能是把">>"左边的运算数的各二进位全部右移若干位，由">>"右边的数指定移动的位数。例如，设 a=15，a>>2 表示把 000001111 右移为 00000011(十进制 3)。

　　应该说明的是，对于有符号数，在右移时，符号位将随之移动。当为正数时，最高位补 0；而为负数时，符号位为 1，最高位是补 0 或是补 1 取决于编译系统的规定。

3. 51 单片机

1) 单片机的概念

单片机是块集成芯片，其上集成了一个计算机系统，即在一块硅片上集成了微处理器、存储器及输入输出端口。单片机本身是一个简单却又完整的计算机系统，同时集成了一些特殊的功能，这些功能的实现是要靠使用者编程来完成。编程的目的就是控制这块芯片的各个引脚在不同时间输出不同的电平(高电平或低电平)，进而控制与单片机各个引脚相连的外围电路的电气状态。

2) 单片机的功能及应用

单片机是一种可通过编程控制的微处理器，单片机芯片本身不能单独应用于某项工程或产品上，它必须要靠外围电路才可发挥其自身的强大功能，所以在学习单片机时不能仅学习单片机芯片，还要循序渐进地学习它外围的数字电路及模拟电路知识，以及常用的外围电路的设计与调试方法等。

目前单片机几乎渗透到了社会生活的各个领域。导弹的导航装置、飞机上各种仪表的控制、计算机网络与数据通信、工业自动化过程的实时控制和数据处理、各种智能 IC 卡、汽车、洗衣机、玩具等都离不开单片机。科技越发达，智能化的东西就越多，使用单片机的就越多。

3) 51 单片机型号命名的规则

89 系列单片机的型号编码由三个部分组成，它们是前缀、型号和后缀。格式如下：AT89C XXXXXXXX，其中 AT 是前缀，89CXXXX 是型号，XXXX 是后缀。

(1) 前缀由字母"AT"组成，表示该器件是 ATMEL 公司的产品。

(2) 型号由"89CXXXX"、"89LVXXXX"或"89SXXXX"等表示。在"89CXXXX"中，9 表示内部含 Flash 存储器，C 表示为 CMOS 产品；在"89LVXXXX"中，LV 表示低压产品；在"89SXXXX"中，S 表示含有串行下载 Flash 存储器。

(3) 后缀由"XXXX"四个参数组成，每个参数的表示和意义不同。型号与后缀部分用"–"号隔开。后缀中的四个参数分别具有如下意义。

① 后缀中的第一个参数 X 用于表示速度，它的意义如下：

X=12，表示速度为 12 MHz；

X=16，表示速度为 16 MHz；

X=20，表示速度为 20 MHz；

X=24，表示速度为 24 MHz。

② 后缀中的第二个参数 X 用于表示封装，它的意义如下：

X=D，表示陶瓷封装；

X=J，表示 PLCC 封装；

X=P，表示塑料双列直插 DIP 封装；

X=S，表示 SOIC 封装；

X=Q，表示 PQFP 封装；

X=A，表示 TQFP 封装；

X=W，表示裸芯片。

③ 后缀中的第三个参数 X 用于表示温度范围，它的意义如下：

X=C，表示商业用产品，温度范围为 0℃～+70℃；

X=I，表示工业用产品，温度范围为 −40℃～+85℃；

X=A，表示汽车用产品，温度范围为 −40℃～+125℃；

X=M，表示军用产品，温度范围为 −55℃～+150℃。

④ 后缀中的第四个参数 X 用于说明产品的处理情况，它的意义如下：

X 为空，表示处理工艺是标准工艺；

X=/883，表示处理工艺采用 MIL-STD-883 标准。

4) 51 单片机引脚简介

80C51 是标准的 40 引脚双列直插封装(DIP)集成电路芯片，如图 3-4 所示。

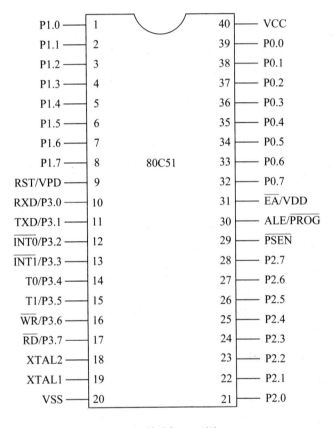

图 3-4　单片机 40 引脚

　　80C51 具有主电源和时钟振荡电路引脚、输入输出(I/O)引脚、控制信号引脚三类，分别介绍如下。

　　(1) 主电源和时钟振荡电路引脚。

　　VCC (40 脚)：运行和程序校验时接 +5 V 电源。

　　VSS (20 脚)：地线。

　　XTAL1(19 脚)：用作晶体振荡电路的反相器输入端，内部接至振荡器的反相放大器。当采用外部时钟时，对于 HMOS 单片机，该引脚接地；对于 CHMOS 单片机，该引脚作为外部振荡信号的输入端。

XTAL2(18 脚)：用作晶体振荡电路的反相器输出端，内部接至时钟发生器。当采用外部时钟时，对于 HMOS 单片机，该引脚接收振荡器信号；对于 CHMOS 单片机，该引脚悬浮。

(2) 输入输出(I/O)引脚。

P0.0～P0.7(39 脚～32 脚)：8 位漏极开路的双向 I/O 口，当使用片外 ROM 和 RAM 时，用作低 8 位地址和数据分时复用。

P1.0～P1.7(1 脚～8 脚)：8 位带上拉电阻的准双向 I/O 口，在编程/校验期间，用作输入低 8 位地址。对于 8052，P1.0 是定时器 T2 的计数输入端，P1.1 是定时器 T2 的外部输入端。

P2.0～P2.7(21 脚～28 脚)：8 位带上拉电阻的准双向 I/O 口，当使用片外 ROM 和 RAM 时，输出高 8 位地址。

P3.0～P3.7(10 脚～17 脚)：8 位带上拉电阻的准双向 I/O 口。P3 口具有第二功能，如表 3-1 所示。

表 3-1　P3 口的第二功能

口线	第二功能	功 能 含 义
P3.0	RXD	串行数据接收
P3.1	TXD	串行数据发送
P3.2	$\overline{INT0}$	外部中断 0 申请
P3.3	$\overline{INT1}$	外部中断 1 申请
P3.4	T0	定时器/计数器 0 计数输入
P3.5	T1	定时器/计数器 1 计数输入
P3.6	$\overline{WR}$	外部 RAM 写选通
P3.7	$\overline{RD}$	外部 RAM 读选通

(3) 控制信号引脚。

RST/VPD(9 引脚)：RST 为复位信号输入端。当 RST 端保持 2 个机器周期以上高电平时，单片机完成复位操作。

ALE/$\overline{PROG}$(30 引脚)：ALE 为地址锁存允许信号。在系统扩展时，ALE 用于控制把 P0 口输出的低 8 位地址送入锁存器锁存起来，以实现低 8 位地址和数据的分时传送。

$\overline{PSEN}$(29 引脚)：外部程序存储器(ROM)读选通信号。访问外部 ROM 时，PSEN 产生负脉冲作为外部 ROM 选通信号。访问外部 RAM 或内部 ROM 时，不会产生有效的 PSEN 信号。

$\overline{EA}$/VDD(31 引脚)：EA 为访问程序存储器(ROM)控制信号。8051 和 8751 的片内有 4 KB 的 ROM。当 EA 为高电平时，若访问的地址空间在 0 KB～4 KB 范围内，CPU 访问片内 ROM；若访问的地址范围超过 4 KB，CPU 将自动访问外部 ROM。EA 保持低电平，则访问外部 ROM。对于 8031，EA 必须接地，CPU 只能访问外部 ROM。

5) C 语言与 C51 单片机

C51 以 C 语言为基础，在结构、定义及函数表达方式等方面与 C 语言相同，不同的地方在于 C51 的寄存器、位操作、数据分区等。

C51 的数据类型如表 3-2 所示。

表 3-2　C51 的数据类型

数据类型	长　度	值　域
unsigned char	单字节	0～255
signed char	单字节	−128～+127
unsigned int	双字节	0～65 535
signed int	双字节	−32 768～+32 767
unsigned long	4 字节	0～4 294 967 295
signed long	4 字节	−2 147 483 648～+2 147 483 647
float	4 字节	−3.402 823E − 38～+3.402 823E + 38
*	1～3 字节	对象的地址
bit	位	0 或 1
sfr	单字节	0～255
sfr16	双字节	0～65 535
sbit	位	0 或 1

C51 的基本语句与标准 C 语言基本相同，如表 3-3 所示。

表 3-3　C51 的基本语句

语　句	类　型
if	选择语句
while	循环语句
for	循环语句
switch/case	多分支选择语句
do-while	循环语句

任务 3-2　十字路口交通灯时间显示

一、任务导读

每个十字路口除了有指挥交通的红绿灯外，也有与红绿灯配合使用的时间显示设备，那么，是否可以利用单片机来控制这些时间显示设备显示需要的数字呢？答案是肯定的，本项目将利用单片机的 I/O 口来控制数码管显示相应的数字。

上述任务的实现涉及 C 程序设计的基本结构、C 程序与单片机结合运用时包含的头文件、动态数组的定义、指针的定义、指针的运算与访问一维数组、单片机 I/O 端口的输出功能、七段数码管的使用。

二、案例讲解

【例3-4】 在与单片机 P2 连接的 1 个七段 BCD 数码管上显示 7。

参考源代码如下:

```
1.   #include <at89x51.h>        /*头文件，包含单片机的内部引脚资源*/
2.   main()
3.   {
4.       while(1)
5.       {
6.           P2 =0x07;           /*P2 赋值 7，在数码管上显示*/
7.       }
8.   }
```

程序运行结果如图 3-5 所示。

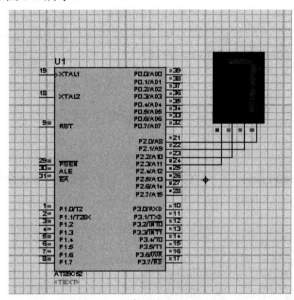

图 3-5 例 3-4 程序运行结果

说明:

(1) 七段数码管分为带 BCD 译码和不带译码的两种，前者编程控制相对简单，但成本高且不通用。本例采用的是前者，本书后面的设计中采用后者。第 6 行对单片机端口赋值 7，数码管内部会经过 BCD 译码从而决定选择哪些段亮，呈现出 7 的效果。

(2) 对于不带译码电路的数码管，高电平控制该段亮还是灭取决于数码管是共阴还是共阳。如果选用不带译码器的七段数码管 7seg-COM，需要单独去控制每段的亮灭。例如，P0=0x3F，0x3F 转化成二进制数 0011 1111，每一个二进数控制一段亮与灭，最低位的 1 控制数码管的 a 段，第 2 位 1 控制数码管 b 段，第 3 位 1 控制数码管 c 段，第 4 位 1 控制数码管 d 段，第 5 位 1 控制数码管 e 段，第 6 位 1 控制数码管 f 段，第 7 位 0 控制数码管 g 段，显示结果将是 0。

【例3-5】　在与单片机 P0 口连接的 1 个七段数码管上循环显示 9～0。

参考源代码如下：

```
1.    #include <at89x51.h>              /*头文件，包含单片机的内部引脚资源*/
2.    /* 共阴数码管显示数值 0～9 编码*/
3.    unsigned char tab[]={0x3f,0x06,0x5b,0x4f,0x66,0x6d,0x7d,0x07,0x7f,0x6f};
4.    unsigned char *str=&tab[9];   /*全局变量指针定义，并设定指针地址指向的初值 9*/
5.    void delay();                 /*延迟函数声明*/
6.    main()
7.    {
8.        while(1)
9.        {
10.    /*把指针地址指向的数据赋给单片机的 P2 口，然后对指针地址减 1*/
11.           P2=*str--;
12.           delay();               /*延迟函数调用*/
13.    /*判定指针地址上的数据是否为 0，满足指针地址加 10，重新设定指针地址*/
14.           if(*(str+1)==0x3f) str=str+10;
15.        }
16.    }
17.    void delay()                  /*软件延迟函数，大约 1 s */
18.    {
19.        int i,j;
20.        for(i=0;i<1000;i++)       /*循环嵌套，执行次数 1000×115 次*/
21.           for(j=0;j<115;j++);
22.    }
```

程序运行结果如图 3-6 所示。

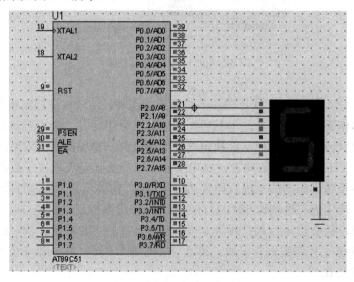

图 3-6　例 3-5 程序运行结果

说明：

（1）第 3 行定义了全局变量 tab[] 动态数组，即根据实时变化，可以扩大数组 tab[] 的大小。如 tab[9]，表示静态数组，数组大小确定，数组中元素个数为 9。动态数组和静态数组的下标都是从 0 开始计算的。unsigned char 类型为无符号字节型，tab[] 数组内的元素取值范围为 0～255。

（2）第 4 行定义了全局变量指针，并对指针变量赋值，把数组的最后一个地址赋予指向数组的指针变量，即指针初始指向的是数组 tab[9] 的地址。

（3）第 11 行把指针 *str 地址上的数据赋给单片机的 P2，然后对指针地址减 1。注意对于指向数组的指针变量，可以加上或减去一个整数 n。指针变量加或减一个整数 n 的意义，是把指针指向的当前位置(指向某数组元素)向前或向后移动 n 个位置。指针变量的加减运算只能对数组指针变量进行，对指向其他类型变量的指针变量作加减运算是毫无意义的。

（4）第 14 行判定指针地址上一个地址中的数据是否为 0。该数据为 0 时对指针地址加10，重新设定指针地址，使其地址上的数据为初值 9。

【例 3-6】 在与单片机 P0 口连接的 2 个七段数码管上显示 27。

参考源代码如下：

```
1.   #include <at89x51.h>    /*头文件，包含单片机的内部引脚资源*/
2.   sbit k1=P3^0;           /*数码管位控制端*/
3.   sbit k2=P3^1;           /*数码管位控制端*/
4.   /* 共阴数码管显示数值 0～9 编码*/
5.   unsigned char tab[]={0x3f,0x06,0x5b,0x4f,0x66,0x6d,0x7d,0x07,0x7f,0x6f};
6.   unsigned char *str=tab;  /*全局变量指针定义，并把数组的首地址赋给指针*/
7.   void delay(int k)        /*延迟函数*/
8.   {
9.       while(k--);
10.      P2=0;                /*屏蔽数码管间的干扰*/
11.  }
12.  main()
13.  {
14.      while(1)
15.      {
16.          k1=0;k2=1;       /*选择第一个数码管显示十位数据*/
17.          P2=*(str+2);     /*把指针 *str 地址加 2 指向的数据赋给单片机的 P2*/
18.          delay(200);      /*延迟函数调用*/
19.          k1=1;k2=0;       /*选择第二个数码管显示个位数据*/
20.          P2=*(str+7);     /*把指针 *str 地址加 7 指向的数据赋给单片机的 P2*/
21.          delay(200);      /*延迟函数调用*/
22.      }
23.  }
```

程序运行结果如图 3-7 所示。

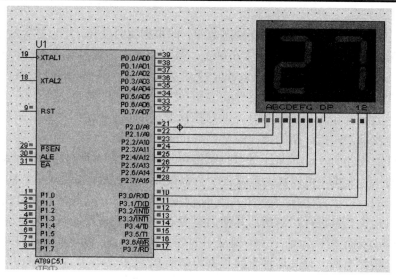

图 3-7　例 3-6 程序运行结果

说明:

(1) 第 2、3 行为数码管位控制端, 低电平有效。

(2) 第 6 行定义全局变量指针, 并对指针变量赋值, 把数组的首地址赋予指向数组的指针变量, 即指针初始指向的是数组 tab[0] 的地址。本行语句与*str=&tab[0] 的作用相同, *str 初始地址的数据为 0x3f。

(3) 第 16 行对数码管位控制端进行赋值。当 k1=0;k2=1; 时, 第一个数码管被选中, 进行显示, 第二个数码没有被选中, 熄灭状态。如果把延迟函数的时间加长, 就可以看到第一个数码管显示数据的时候, 第二个处于熄灭状态。

(4) 第 17 行指针指向的当前位置向前移动 2 个位置后, 将该地址上的数据赋给单片机的 P2 口, 在数码管上显示。

(5) 第 19 行对数码管位控制端进行赋值。当 k1=1;k2=0; 时, 第二个数码管被选中, 进行显示, 第一个数码没有被选中, 处于熄灭状态。

(6) 第 20 行指针指向的当前位置向前移动 7 个位置后, 将该地址上的数据赋给单片机的 P2 口, 在数码管上显示。

【例 3-7】 在与单片机 P0 口连接的 2 个七段数码管上循环显示 99~0。

参考源代码如下:

```
1.    #include <at89x51.h>        /*头文件，包含单片机的内部引脚资源*/
2.    sbit k1=P3^0;               /*数码管位控制端*/
3.    sbit k2=P3^1;               /*数码管位控制端*/
4.    /* 共阴数码管显示数值 0~9 编码*/
5.    unsigned char tab[]={0x3f,0x06,0x5b,0x4f,0x66,0x6d,0x7d,0x07,0x7f,0x6f};
6.    unsigned char *str=tab;     /*全局变量指针定义，并把数组的首地址赋给指针*/
7.    unsigned char t=99;         /*全局变量定义，并设定初值*/
8.    void delay(int k)           /*延迟函数*/
9.    {
```

```
10.    while(k--);
11.    P2=0;                        /*屏蔽数码管间的干扰*/
12. }
13. main()
14. {
15.    while(1)
16.    {
17.        k1=0;k2=1;               /*选择第一个数码管显示十位数据*/
18.        P2=*(str+t/10);          /*把指针 *str 指向的数据赋给单片机的 P2*/
19.        delay(200);              /*延迟函数调用*/
20.        k1=1;k2=0;               /*选择第二个数码管显示个位数据*/
21.        P2=*(str+t%10);          /*把指针 *str 指向的数据赋给单片机的 P2*/
22.        delay(200);              /*延迟函数调用*/
23.        t--;                     /*显示数据递减 1*/
24.        if(t>99) t=99;           /*判定数据是否递减到 0，满足则重新赋初值*/
25.        delay(5500);             /*延迟函数调用*/
26.    }
27. }
```

程序运行结果如图 3-8 所示。

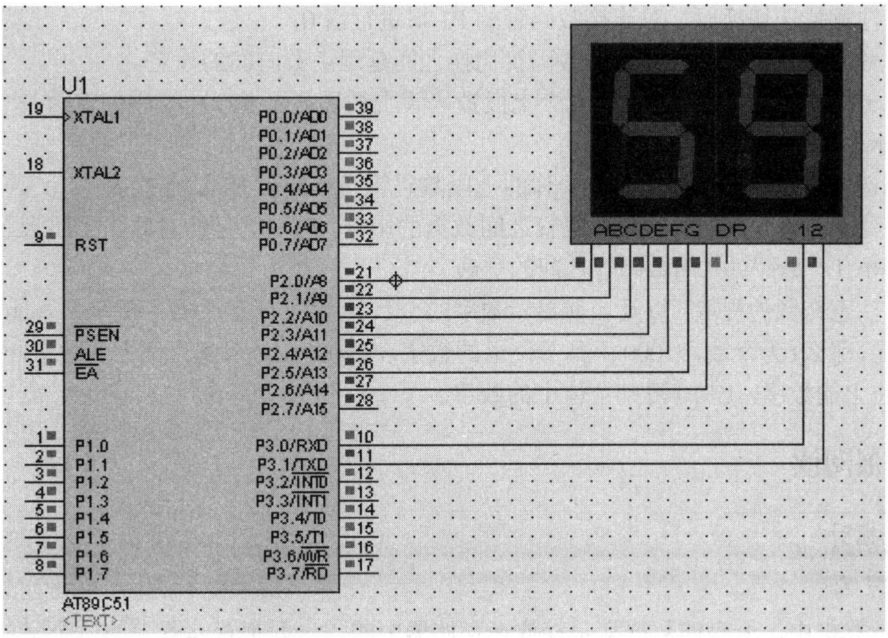

图 3-8　例 3-7 程序运行结果

说明：

(1) 第 6 行定义全局变量指针，并对指针变量赋值，把数组的首地址赋予指向数组的指针变量，即指针初始指向的是数组 tab[0]的地址。本行语句与*str=&tab[0] 作用相同，即

*str 初始地址的数据为 0x3f。

(2) 第 7 行，全局变量定义，倒计数设定初值，且 t 的取值范围为 0～255。

(3) 第 18 行，对 t/10，得到当前倒计数的十位数字，给指针变量相应地加上该数，使指针地址向前移动 t/10，然后将该地址的数据赋给单片机的 P2 口，在相应的数码管上显示。

(4) 第 21 行，对 t%10，得到当前倒计数的个位数字，给指针变量相应地加上该数，使指针地址向前移动 t%10，然后将该地址的数据赋给单片机的 P2 口，在相应的数码管上显示。

(5) 第 24 行判定当前数据 t 是否递减到 0，如果递减到 0 后，再递减 1 次，t 的值变为 255，满足判定条件 t > 99，此时对倒计数进行赋初值 99。

三、拓展应用

(1) 在与单片机 P1 口连接的一个七段数码管上显示"3"。

提示：

① 只能使用不带译码器的七段数码管与单片机连接；

② 注意不带译码器的七段数码管显示字符时的编码。

(2) 在与单片机 P1 口连接的 4 个七段数码管上显示 5678。

提示：

① 选用带段选和位选的 4 位一体的七段数码管与单片机 P1 口连接；

② 注意位选切换时，对连接数码管的 P1 口进行清 0；

③ 数字要稳定显示，注意对数码管切换之间延迟函数时间的设定。

(3) 在与单片机 P1 口连接的 4 个七段数码管上循环显示 9999～1 中的奇数。

提示：

① 选用带段选和位选的 4 位一体的七段数码管与单片机 P1 口连接上；

② 注意位选切换时，屏蔽数码管之间数据的影响。P1=0，是针对共阴数码管之间的屏蔽；P1=0xff，是针对共阳数码管之间的屏蔽。

③ 注意奇数的提取，以及当前显示数字的个、十、百、千位的数字提取。如 if(t%2!=0) 条件满足，那么 t 为奇数，t/1000 得到千位上的数字，t%1000/100 得到百位上的数字，t%100/10 得到十位上的数字，t%10 得到个位上的数字。

四、扩展阅读

1. 指针

1) 定义

在计算机中，所有的数据都是存放在存储器中的。一般把存储器中的一个字节称为一个内存单元，不同的数据类型所占用的内存单元数不等，如整型量占 2 个单元，字符量占 1 个单元等，根据一个内存单元的编号即可准确地找到该内存单元。内存单元的编号也叫做地址，根据内存单元的地址就可以找到所需的内存单元，通常也把这个地址称为指针。内存单元的指针和内存单元的内容是两个不同的概念，可以用一个通俗的例子来说明它们之间的关系：我们到银行去存取款时，银行工作人员将根据我们的账号去找我们的存款单，找到之后在存单上写入存款、取款的金额，在这里，账号就是存单的指针，存款数是存单的内容。

对于一个内存单元来说，单元的地址即为指针，其中存放的数据才是该单元的内容。

在 C 语言中，允许用一个变量来存放指针，这种变量称为指针变量。因此，一个指针变量的值就是某个内存单元的地址或称为某内存单元的指针。严格地说，一个指针是一个地址，是一个常量。而一个指针变量却可以被赋予不同的指针值，是变量。但常把指针变量简称为指针。为了避免混淆，我们约定："指针"是指地址，是常量，"指针变量"是指取值为地址的变量。定义指针的目的是通过指针去访问内存单元。

2) 指针变量的类型

指针变量的一般形式如下：

　　类型说明符 * 变量名；

其中，* 表示这是一个指针变量，变量名即为定义的指针变量名，类型说明符表示本指针变量所指向的变量的数据类型。

例如：

```
staic int *p2;        /* p2 是指向静态整型变量的指针变量*/
float *p3;            /*p3 是指向浮点变量的指针变量*/
char *p4;             /* p4 是指向字符变量的指针变量*/
```

应该注意的是，一个指针变量只能指向同类型的变量，如 p3 只能指向浮点变量，不能时而指向一个浮点变量，时而又指向一个字符变量。

3) 指针变量的赋值

指针变量同普通变量一样，使用之前不仅要定义说明，而且必须赋予具体的值。未经赋值的指针变量不能使用，否则将造成系统混乱，甚至死机。指针变量的赋值只能赋予地址，绝不能赋予任何其他数据，否则将引起错误。在 C 语言中，变量的地址是由编译系统分配的，对用户完全透明，用户不知道变量的具体地址。C 语言中提供了地址运算符&来表示变量的地址，其一般形式为：&变量名。如&a 表示变量 a 的地址，&b 表示变量 b 的地址。变量本身必须预先说明。设有指向整型变量的指针变量 p，如要把整型变量 a 的地址赋予 p 可以有以下两种方式：

(1) 指针变量初始化的方法：

　　int a; int *p=&a;

(2) 赋值语句的方法：

　　int a;int *p;p=&a;

C 语言中不允许把一个数赋予指针变量，故下面的赋值是错误的：

　　int *p;p=1000;

被赋值的指针变量前不能再加" * "说明符，如写为 *p=&a;也是错误的。

4) 指针变量的运算

指针变量可以进行某些运算，但其运算的种类是有限的。它只能进行赋值运算、部分算术运算及关系运算。

(1) 指针运算符。

① 取地址运算符&。取地址运算符&是单目运算符，其结合性为自右至左，其功能是取变量的地址。

② 取内容运算符 *。取内容运算符 * 是单目运算符，其结合性为自右至左，用来表示指针变量所指的变量。在 * 运算符之后跟的变量必须是指针变量。需要注意的是，指针运算符 * 和指针变量说明中的指针说明符 * 不是一回事。在指针变量说明中，"＊"是类型说明符，表示其后的变量是指针类型。而表达式中出现的"＊"则是一个运算符，用以表示指针变量所指的变量。

(2) 指针变量的赋值运算。

指针变量的赋值运算有以下几种形式：

① 指针变量初始化赋值。

② 把一个变量的地址赋予指向相同数据类型的指针变量。例如，

    int a,*pa;

    pa=&a;   /*把整型变量 a 的地址赋予整型指针变量 pa*/

③ 把一个指针变量的值赋予指向相同类型变量的另一个指针变量。例如，

    int a,*pa=&a,*pb;

    pb=pa;   /*把 a 的地址赋予指针变量 pb*/

由于 pa、pb 均为指向整型变量的指针变量，因此可以相互赋值。

④ 把数组的首地址赋予指向数组的指针变量。例如：

    int a[5],*pa;

    pa=a;   /*数组名表示数组的首地址，故可将其赋予指向数组的指针变量 pa*/

也可写为：

    pa=&a[0];   /*数组第一个元素的地址也是整个数组的首地址，也可赋予 pa*/

当然也可采取初始化赋值的方法：

    int a[5],*pa=a;

⑤ 把字符串的首地址赋予指向字符类型的指针变量。例如，

    char *pc;pc="c language";

或用初始化赋值的方法写为：

    char *pc="C Language";

这里应说明的是，这种赋值方法并不是把整个字符串装入指针变量，而是把存放该字符串的字符数组的首地址装入指针变量。

⑥ 把函数的入口地址赋予指向函数的指针变量。例如，

    int (*pf)();pf=f;   /*f 为函数名*/

(3) 指针变量的加减算术运算。

对于指向数组的指针变量，可以加上或减去一个整数 n。设 pa 是指向数组 a 的指针变量，则 pa+n、pa-n、pa++、++pa、pa--、--pa 运算都是合法的。指针变量加或减一个整数 n 的意义，是把指针指向的当前位置(指向某数组元素)向前或向后移动 n 个位置。应该注意，数组指针变量向前或向后移动一个位置和地址加 1 或减 1 在概念上是不同的，因为数组可以有不同的类型，各种类型的数组元素所占的字节长度是不同的。如指针变量加 1，

即向后移动 1 个位置表示指针变量指向下一个数据元素的首地址，而不是在原地址基础上加 1。例如，

```
int a[5],*pa;
pa=a;          /*pa 指向数组 a，也是指向 a[0] */
pa=pa+2;       /*pa 指向 a[2]，即 pa 的值为 &pa[2] */
```

指针变量的加减运算只能对数组指针变量进行，对指向其他类型变量的指针变量作加减运算是毫无意义的。

例子：

```
main()
{
    int a=10,b=20,s,t,*pa,*pb;        /*说明 pa、pb 为整型指针变量*/
    pa=&a;             /*给指针变量 pa 赋值，pa 指向变量 a */
    pb=&b;             /*给指针变量 pb 赋值，pb 指向变量 b */
    s=*pa+*pb;    /*求 a + b 之和，(*pa 就是 a，*pb 就是 b)*/
    t=*pa**pb;         /*求 a×b 之积*/
    printf("a=%d\nb=%d\na+b=%d\na*b=%d\n",a,b,a+b,a*b);    /*输出结果*/
    printf("s=%d\nt=%d\n",s,t);     /*输出结果*/
}
```

指针变量还可以与 0 比较。设 p 为指针变量，则 p==0 表明 p 是空指针，它不指向任何变量；p!=0 表示 p 不是空指针。空指针是由对指针变量赋予 0 值而得到的。例如，

```
#define NULL 0    int *p=NULL;
```

对指针变量赋 0 值和不赋值是不同的。指针变量未赋值时，可以是任意值，是不能使用的，否则将造成意外错误；指针变量赋 0 值后，则可以使用，只是它不指向具体的变量而已。

5) 数组指针变量

指向数组的指针变量称为数组指针变量。一个数组是由连续的一块内存单元组成的。数组名就是这块连续内存单元的首地址。一个数组也是由各个数组元素(下标变量)组成的。每个数组元素按其类型不同占有几个连续的内存单元。一个数组元素的首地址也是指它所占有的几个内存单元的首地址。一个指针变量既可以指向一个数组，也可以指向一个数组元素，可把数组名或第一个元素的地址赋予它。如要使指针变量指向第 i 号元素，可以把 i 号元素的地址赋予它或把数组名加 i 赋予它。

设有实数组 a，指向 a 的指针变量为 pa，有以下关系：pa、a、&a[0] 均指向同一单元，它们是数组 a 的首地址，也是 0 号元素 a[0] 的首地址；pa+1、a+1、&a[1] 均指向 1 号元素 a[1]；类推可知，a+i、a+i、&a[i] 指向 i 号元素 a[i]。应该说明的是，pa 是变量，而 a、&a[i] 都是常量，在编程时应予以注意。

数组指针变量说明的一般形式如下：

类型说明符 * 指针变量名

其中，类型说明符表示所指数组的类型。从一般形式可以看出，指向数组的指针变量和指向普通变量的指针变量的说明是相同的。

引入指针变量后，就可以用两种方法来访问数组元素了。第一种方法为下标法，即用 a[i] 形式访问数组元素；第二种方法为指针法，即采用 *(pa+i)形式，用间接访问的方法来访问数组元素。两种方法的使用如下例：

例子:

```
main()
{
    int a[5],i,*pa=a;          /*定义整型数组和指针，并使指针指向数组 a */
    for(i=0;i<5;)
    {
        *pa=i;                 /*将变量 i 的值赋给由指针 pa 指向的 a[] 的数组单元*/
        /*用指针输出数组 a 中的所有元素，同时指针 pa 指向 a[] 的下一个单元*/
        printf("a[%d]=%d\n",i++,*pa++);
    }
}
```

6) 数组名和数组指针变量作函数参数

数组名就是数组的首地址，实参向形参传送数组名实际上就是传送数组的地址，形参得到该地址后也指向同一数组。这就好像同一件物品有两个彼此不同的名称一样。同样，指针变量的值也是地址，数组指针变量的值即为数组的首地址，当然也可作为函数的参数使用。

7) 指向多维数组的指针变量

设有整型二维数组 a[3][4] 如下：

```
0  1  2  3
4  5  6  7
8  9  10  11
```

设数组 a 的首地址为 1000，C 语言允许把一个二维数组分解为多个一维数组来处理。因此数组 a 可分解为 3 个一维数组，即 a[0]、a[1]、a[2]。每一个一维数组又含有 4 个元素。例如 a[0] 数组含有 a[0][0]、a[0][1]、a[0][2]、a[0][3] 4 个元素。

数组及数组元素的地址表示如下：a 是二维数组名，也是二维数组 0 行的首地址，等于 1000；a[0] 是第一个一维数组的数组名和首地址，因此也为 1000；*(a+0)或 *a 是与 a[0] 等效的，它表示一维数组 a[0] 中 0 号元素的首地址，也为 1000；&a[0][0]是二维数组 a 的 0 行 0 列元素首地址，同样是 1000，因此，a、a[0]、*(a+0)、*a、&a[0][0] 是相等的。同理，a+1 是二维数组 1 行的首地址，等于 1008；a[1] 是第二个一维数组的数组名和首地址，因此也为 1008；&a[1][0]是二维数组 a 的 1 行 0 列元素地址，也是 1008，因此，a+1、a[1]、*(a+1)、&a[1][0] 是等同的。由此可得出：a+i、a[i]、*(a+i)、&a[i][0] 是等同的。此外，&a[i] 和 a[i] 也是等同的，因为在二维数组中不能把&a[i]理解为元素 a[i] 的地址,不存在元素 a[i]。

由此得出：a[i]、&a[i]、*(a+i)和 a+i 也都是等同的。另外，a[0]+0 也可以看成是一维数组 a[0]的 0 号元素的首地址，而 a[0]+1 则是 a[0]的 1 号元素首地址，由此可得出 a[i]+j

则是一维数组 a[i] 的 j 号元素首地址，它等于&a[i][j]。由 a[i]=*(a+i)得 a[i]+j=*(a+i)+j。由于 *(a+i)+j 是二维数组 a 的 i 行 j 列元素的首地址，因此该元素的值等于 *(*(a+i)+j)。

8) 字符串指针变量

字符串指针变量的说明和使用字符串指针变量的定义说明与指向字符变量的指针变量说明是相同的。这几种说明只能按对指针变量的赋值不同来区别。对指向字符变量的指针变量应赋予该字符变量的地址。例如，char c,*p=&c; 表示 p 是一个指向字符变量 c 的指针变量，而 char *s="C Language"; 则表示 s 是一个指向字符串的指针变量，把字符串的首地址赋予 s。

例子：

```
main()
{
    char *ps;
    ps="C Language";
    printf("%s",ps);
}
```

程序运行结果为：

C Language

上例中，首先定义 ps 是一个字符指针变量，然后把字符串的首地址赋予 ps，并把首地址送入 ps。程序中的 char *ps;ps="C Language"; 等效于 char *ps="C Language";。

例子：输出字符串中 n 个字符后的所有字符。

```
main()
{
    char *ps="this is a book";
    int n=10;
    ps=ps+n;
    printf("%s\n",ps);
}
```

在程序中对 ps 初始化时，即把字符串首地址赋予 ps，当 ps= ps+10 之后，ps 指向字符"b"，因此输出结果为：book。

用字符数组和字符指针变量都可实现字符串的存储和运算，但是两者是有区别的。在使用时应注意以下几个问题：

(1) 字符串指针变量本身是一个变量，用于存放字符串的首地址，而字符串本身存放在以该首地址为首的一块连续的内存空间中并以"\0"作为串的结束。字符数组是由若干个数组元素组成的，它可用来存放整个字符串。

(2) 对字符数组作初始化赋值，必须采用外部类型或静态类型，如 static char st[]={"C Language"};，而对字符串指针变量则无此限制，如 char *ps="C Language";。

(3) 对字符串指针方式，char *ps="C Language";可以写为 char *ps; ps="C Language";，

而对数组方式，static char st[]={"C Language"}; 不能写为 char st[20];st={"C Language"};，只能对字符数组的各元素逐个赋值。

9) 函数指针变量

在 C 语言中规定，一个函数总是占用一段连续的内存区，而函数名就是该函数所占内存区的首地址。我们可以把函数的这个首地址(或称入口地址)赋予一个指针变量，使该指针变量指向该函数。然后通过指针变量就可以找到并调用这个函数。我们把这种指向函数的指针变量称为"函数指针变量"。

函数指针变量定义的一般形式为：

　　　　类型说明符 (*指针变量名)();

其中，"类型说明符"表示被指函数的返回值的类型；"(* 指针变量名)"表示"*"后面的变量是定义的指针变量；最后的空括号"()"表示指针变量所指的是一个函数。

例如，int (*pf)(); 表示 pf 是一个指向函数入口的指针变量，该函数的返回值(函数值)是整型。

下面通过例子来说明用指针形式实现对函数调用的方法。

例子：

```
int max(int a,int b)
{
    if(a>b)    return a;
    else return b;
}
main()
{
    int max(int a,int b);
    int(*pmax)();
    int x,y,z;
    pmax=max;
    printf("input two numbers:\n");
    scanf("%d%d",&x,&y);
    z=(*pmax)(x,y);
    printf("maxmum=%d",z);
}
```

从上述程序可以看出，使用函数指针变量形式调用函数的步骤如下：

(1) 先定义函数指针变量，如程序中第 9 行 int (*pmax)(); 定义 pmax 为函数指针变量。

(2) 把被调函数的入口地址(函数名)赋予该函数指针变量，如程序中第 11 行 pmax=max;。

(3) 用函数指针变量形式调用函数，如程序第 14 行 z=(*pmax)(x,y);。调用函数的一般形式为：(*指针变量名) (实参表)。

使用函数指针变量还应注意以下两点：

(1) 函数指针变量不能进行算术运算，这是与数组指针变量不同的。数组指针变量加减一个整数可使指针移动指向后面或前面的数组元素，而函数指针的移动是毫无意义的。

(2) 函数调用"(*指针变量名)"中的括号不可少，其中的 * 不应该理解为求值运算，在此处它只是一种表示符号。

10) 指针型函数

在 C 语言中允许一个函数的返回值是一个指针(即地址)，这种返回指针值的函数称为指针型函数。定义指针型函数的一般形式为：

　　　　类型说明符 * 函数名(形参表)
　　　　{
　　　　　　… /*函数体*/
　　　　}

其中，"函数名"之前加了" * "号表明这是一个指针型函数，即返回值是一个指针；"类型说明符"表示了返回的指针值所指向的数据类型。例如，

　　　　int *ap(int x,int y)
　　　　{
　　　　　　…/*函数体*/
　　　　}

表示 ap 是一个返回指针值的指针型函数，它返回的指针指向一个整型变量。

应该特别注意函数指针变量和指针型函数这两者在写法和意义上的区别。如 int(*p)()和 int *p() 是两个完全不同的量：int(*p)() 是一个变量说明，说明 p 是一个指向函数入口的指针变量，该函数的返回值是整型量，(*p) 两边的括号不能少；int *p() 则不是变量说明，而是函数说明，说明 p 是一个指针型函数，其返回值是一个指向整型量的指针，*p 两边没有括号。作为函数说明，在括号内最好写入形式参数，这样便于与变量说明区别。对于指针型函数定义，int *p() 只是函数头部分，一般还应该有函数体部分。

二维数组指针变量是单个的变量，而指针数组类型表示的是多个指针(一组有序指针)。在一般形式中，"*指针数组名"两边不能有括号。例如，int (*p)[3]; 表示一个指向二维数组的指针变量，该二维数组的列数为 3 或分解为一维数组的长度为 3。int *p[3]; 表示 p 是一个指针数组，有三个下标变量 p[0]、p[1]、p[2] 均为指针变量。

11) 结构指针变量

当使用一个指针变量指向一个结构变量时，称之为结构指针变量。结构指针变量中的值是所指向的结构变量的首地址。通过结构指针即可访问该结构变量，这与数组指针和函数指针的情况是相同的。结构指针变量说明的一般形式为：

　　　　struct 结构名 * 结构指针变量名

结构名和结构变量是两个不同的概念，不能混淆。结构名只能表示一个结构形式，编译系统并不对它分配内存空间，只有当某变量被说明为这种类型的结构时，才对该变量分配存储空间。有了结构指针变量，就能更方便地访问结构变量的各个成员，其访问的一般形式为：

　　　　(*结构指针变量).成员名

或为：

　　　　结构指针变量→成员名

　　例如，

　　　　(*pstu).num

或者

　　　　pstu→num

　　应该注意(*pstu)两侧的括号不可少，因为成员符"．"的优先级高于"＊"。如去掉括号写作 *pstu.num，则等效于 *(pstu.num)，这样意义就完全不对了。下面通过例子来说明结构指针变量的具体说明和使用方法。

例子：

```
struct stu
{
    int num;
    char *name;
    char sex;
    float score;
} boy1={102,"Zhang ping",'M',78.5},*pstu;
main()
{
    pstu=&boy1;
    printf("Number=%d\nName=%s\n",boy1.num,boy1.name);
    printf("Sex=%c\nScore=%f\n\n",boy1.sex,boy1.score);
    printf("Number=%d\nName=%s\n",(*pstu).num,(*pstu).name);
    printf("Sex=%c\nScore=%f\n\n",(*pstu).sex,(*pstu).score);
    printf("Number=%d\nName=%s\n",pstu->num,pstu->name);
    printf("Sex=%c\nScore=%f\n\n",pstu->sex,pstu->score);
}
```

　　本例程序定义了一个结构 stu，定义了 stu 类型结构变量 boy1 并作了初始化赋值，还定义了一个指向 stu 类型结构的指针变量 pstu；在 main 函数中，pstu 被赋予 boy1 的地址，因此 pstu 指向 boy1；然后在 printf 语句内用三种形式输出 boy1 的各个成员值。

2．七段数码管

1) 七段数码管的类型、引脚和内部结构

　　数码管通常有 1 位数码管、2 位数码管和 4 位数码管。1 位数码管有 10 个引脚，2 位数码管也具有 10 个引脚，4 位数码管具有 12 个引脚。无论将多少位数码管连接在一起，数码管的显示原理都是一样的，都是靠点亮内部的发光二极管来显示。七段数码管的引脚如图 3-9 所示。

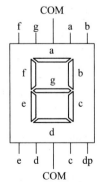

图 3-9　七段数码管引脚图

数码管的内部结构图又分为以下两类：

(1) 共阴数码管如图 3-10 所示，仅当段位接高电平、阴极接低电平时，相应位的 LED 才导通发光。

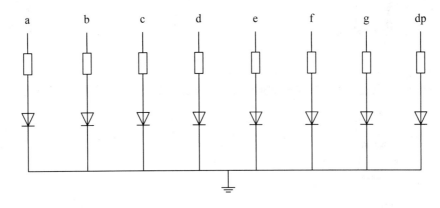

图 3-10　共阴数码管电路原理图

(2) 共阳数码管如图 3-11 所示，仅当段位接低电平、阳极接高电平时，相应位的 LED 才导通发光。

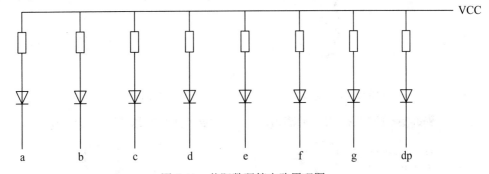

图 3-11　共阳数码管电路原理图

2) 七段数码管的工作原理

对于共阳极数码管来说，其 8 个发光二极管的阳极在数码管内部全部连接在一起，所以称为"共阳极"，阴极是独立的。通常在电路设计中，将阳极与电源相接，当给数码管的任意一个阴极加低电平时，对应的发光二极管被点亮。

对于共阴极数码管来说，其 8 个发光二极管的阴极在数码管内部全部连接在一起，所以称为"共阴极"，阳极是独立的。通常在电路设计中，将阴极与地相接，当给数码管的任意一个阳极加高电平时，对应的发光二极管被点亮。共阴极数码管显示 0～9 与各段位的对应关系如图 3-12(a)～(j)所示。

当数码管多位一体时，它们内部的公共端是独立的，而负责显示不同数字的段线是全部连接在一起的，独立的公共端可以控制多位一体中的哪一位数码管被点亮，而连接在一起的段线可以控制整个被点亮的数码管显示什么字符。通常把公共端称为"位选端"，把连接在一起的段线称为"段选线"，有了这两个线后，通过单片机及外部驱动电路就可以控制任意的数码管显示任意数字。

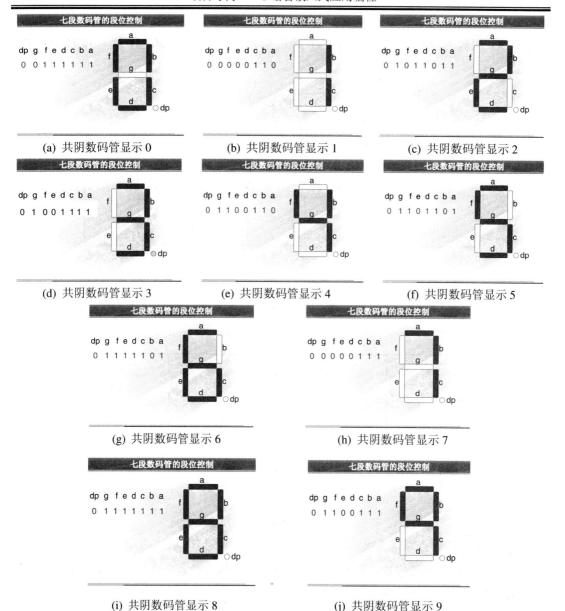

(a) 共阴数码管显示 0　　　　(b) 共阴数码管显示 1　　　　(c) 共阴数码管显示 2

(d) 共阴数码管显示 3　　　　(e) 共阴数码管显示 4　　　　(f) 共阴数码管显示 5

(g) 共阴数码管显示 6　　　　　　　　　(h) 共阴数码管显示 7

(i) 共阴数码管显示 8　　　　　　　　　(j) 共阴数码管显示 9

图 3-12　共阴数码管显示 0～9 与各段位的对应关系图

3) 七段数码管的显示方式

根据 LED 显示的硬件设计方法的不同，LED 显示驱动分为静态法和动态法两种。

(1) 静态显示方式。所有 LED 的位选均共同连接到 +VCC 或 GND 上，每个 LED 的 8 根段选线分别接一个 8 位并行 I/O 口，从该 I/O 送出相应的字型码显示字形。静态显示方式的特点：原理简单，显示亮度强，无闪烁，占用 I/O 的资源较多。

(2) 动态显示方式。所有 LED 的段选线共同连接在一起，共用一个 8 位 I/O，而每个 LED 的位选分别由一根相应的 I/O 线控制。因此必须采用动态扫描显示，每一个时刻只选通其中一个 LED，同时在段选口送出该位 LED 字型码。

任务 3-3　　十字路口交通灯倒计时

一、任务导读

每个十字路口的时间显示设备，除了显示功能外，最重要的功能是对设定时间进行精确倒计时，便于过往的车辆和行人提前做好准备，那么单片机是否可以对时间进行精确倒计时并显示出来呢？答案是肯定的，本任务将利用单片机的 I/O 口来控制数码管进行任意时间的精确倒计时。

上述任务的实现，涉及 C 程序设计基本结构、单片机结合运用时包含的头文件、定时器中断、动态数组的定义、指针访问一维数组、单片机 I/O 端口的输入输出功能、七段数码管的使用。

二、案例讲解

【例 3-8】　在与单片机 P0 口连接的一个七段数码管上进行 10 s 的精确倒计时，倒计时结束后，点亮 P1.1 口控制的红灯。

参考源代码如下：

```
1.   #include "reg51.h"          /*头文件，包含单片机的内部引脚资源*/
2.   sbit LED=P1^1;              /* P1.1 口连接的红灯定义*/
3.   /* 共阴数码管显示数值 0~9 编码*/
4.   unsigned char tab[]={0x3f,0x06,0x5b,0x4f,0x66,0x6d,0x7d,0x07,0x7f,0x6f};
5.   unsigned char *str=tab;     /*全局变量指针定义，并把数组的首地址赋给指针*/
6.   unsigned int second=10;     /*秒值*/
7.   unsigned char Dis_Gewei;    /*定义个位*/
8.   void init_timer1()
9.   {
10.     TMOD|=0x01;/*定时器0、模式0时，"|"确保使用多个定时器时不受影响*/
11.     /* 10 ms in 12M crystal，工作在模式 0，16 位定时*/
12.     TH0=0xd8;               /*赋初值高 8 位*/
13.     TL0=0xf0;               /*赋初值低 8 位*/
14.     EA=1;                   /*总的中断开启*/
15.     TR0=1;                  /*启动定时器 0 开始计数或定时*/
16.     ET0=1;                  /*定时器 0 中断进行打开*/
17.   }
18.   main()
19.   {
20.     init_timer1();          /*定时器初始化*/
21.     while(1)
```

```
22.      {
23.          if(LED==0) while(1);          /*计时到 0 时，程序停止*/
24.          P0=*(str+Dis_Gewei);          /*显示数字*/
25.      }
26.  }
27.  void time_isr(void) interrupt 3 using 1
28.  {
29.      static unsigned char count=0;      /*静态变量定义*/
30.      TH0=0xd8;                          /*重新赋值高 8 位*/
31.      TL0=0xf0;                          /*重新赋值低 8 位*/
32.      count++;                           /*每 10 ms 增加 1*/
33.      if(count==100)                     /* 100×10 ms＝1 s，大致延时时间*/
34.      {
35.          count=0;                       /* 1 s 定时复位*/
36.          second--;                      /*秒减 1*/
37.          if(second==0)   { LED=0;EA=0;}  /*控制与 P1.1 连接的灯*/
38.          Dis_Gewei=second%10;           /*个位显示处理*/
39.      }
40.  }
```

程序运行结果如图 3-13 所示。

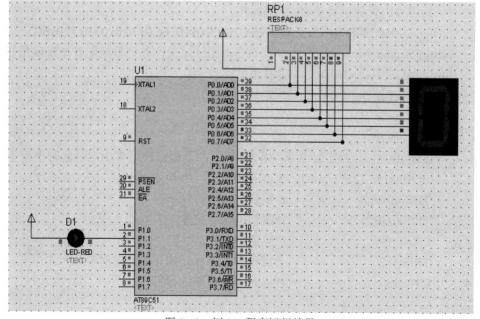

图 3-13　例 3-8 程序运行结果

说明：

(1) 第 2 行，定义了变量 LED 来表示单片机的 P1.1 的 I/O 口，控制红灯的亮灭。

(2) 第 4 行，共阴数码管显示数值 0～9 的编码，如果是共阳数码管，0～9 的编码是不同的。共阳极的数码管 0～9 的编码为：0xc0，0xf9，0xa4，0xb0，0x99，0x92，0x82，0xf8，0x80，0x90。

(3) 第 12～13 行，给定时器赋初值，让定时器从该数字开始累加 1，直到超过 65 536 产生一次中断。每次中断产生的时间为 10 ms，产生 100 次这样的中断相当于 1 s，而且定时器累加、中断执行是与主程序同步的，不影响主程序的时序，因此能够精确定时。这就是定时器计时与软件延时最大的区别。

(4) 第 14 行，单片机总的中断开启。如 EA=0，关闭所有中断，所有中断响应程序都不能被执行。

(5) 第 20 行，定时器初始化函数调用。在使用定时器前，必须先进行初始化才能使用，而且在整个程序中只需要初始化一次。

(6) 第 27 行，time_isr 为函数名称，可任意取。(void) interrupt 3 为中断向量号，using 1 包含了中断类型。

(7) 第 29 行，count 定义为静态变量，目的在于 count 只在响应第一次中断时被初始化。

(8) 第 27～40 行，为定时中断服务程序。当总中断开启、定时中断开启、计数开启时，该中断服务程序就会一直被重复执行并且与主程序无关。

【例 3-9】 在与单片机 P0 口连接的两个七段数码管上进行 1～99 s 的精确倒计时。

参考源代码如下：

```
1.   #include "reg51.h"
2.   sbit k1=P2^0;
3.   sbit k2=P2^1;                  /*数码管位控制*/
4.   /* 共阴数码管显示数值 0～9 编码*/
5.   unsigned char tab[]={0x3f,0x06,0x5b,0x4f,0x66,0x6d,0x7d,0x07,0x7f,0x6f};
6.   unsigned char *str=tab;        /*全局变量指针定义，并把数组的首地址赋给指针*/
7.   unsigned int second=100;       //秒值
8.   unsigned char Dis_Shiwei;      //定义十位
9.   unsigned char Dis_Gewei;       //定义个位
10.  void init_timer1()
11.  {
12.      /*使用定时器 0，16 位，模式 0*/
13.      /*使用"|"符号可以在使用多个定时器时不影响定时器设置*/
14.      TMOD|=0x01;
15.      /* 10 ms in 12M crystal，工作在模式 0，16 位定时*/
16.      TH0=0xd8;                  /*赋初值高 8 位*/
17.      TL0=0xf0;                  /*赋初值低 8 位*/
18.      EA=1;                      /*总的中断*/
19.      TR0=1;                     /*启动定时器 0 开始计数或定时*/
20.      ET0=1;                     /*定时器 0 中断进行打开*/
21.  }
```

```
22.  void delay(unsigned int k)              /*软件延迟程序*/
23.  {
24.      while(k--);
25.      P0=0;                                /*屏蔽数码管间的干扰*/
26.  }
27.  /*数码管显示函数*/
28.  void dispaly()
29.  {
30.      P0=*(str+Dis_Shiwei);                /*显示十位*/
31.      k1=0;k2=1;                           /*数码管位选择，选择十位的数码管*/
32.      delay(300);                          /*短暂延时*/
33.      P0=*(str+Dis_Gewei);                 /*显示个位*/
34.      k2=0; k1=1;                          /*数码管位选择，选择个位的数码管*/
35.      delay(300);                          /*短暂延时*/
36.  }
37.  main()
38.  {
39.      init_timer1();                       /*定时器初始化*/
40.      while(1)
41.      {
42.          dispaly();                       /*显示数字*/
43.      }
44.  }
45.  void time_isr(void) interrupt 3 using 1
46.  {
47.      static unsigned char count=0;        /*静态变量定义*/
48.      TH0=0xd8;                            /*重新赋值高 8 位*/
49.      TL0=0xf0;                            /*重新赋值低 8 位*/
50.      count++;                             /*每 10 ms 增加 1 */
51.      if(count==100)                       /* 100 × 10 ms = 1 s，大致延时时间*/
52.      {
53.          count=0;                         /* 1 s 定时复位*/
54.          second--;                        /*秒减 1*/
55.          if(second==0)   { second=100;}   /*控制与 P1.1 连接的灯*/
56.          Dis_Shiwei=second/10;            /*十位显示处理*/
57.          Dis_Gewei=second%10;             /*个位显示处理*/
58.      }
59.  }
```

程序运行结果如图 3-14 所示。

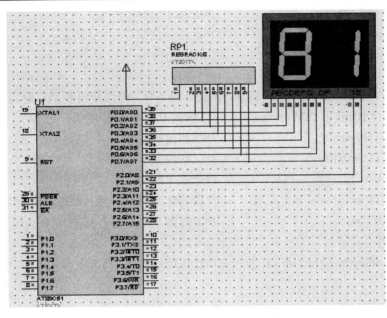

图 3-14 例 3-9 程序运行结果

说明:

(1) 第 24 行, 软件延迟, 把 k-- 变化值放入 while 条件中, 判定 k 值是否为 0 来结束该 while 循环。

(2) 第 25 行为数码管位选择后, 屏蔽数码管间的干扰。清 0 针对共阴极数码管, 那么共阳极数码管之间的屏蔽干扰是赋 0xff。

(3) 第 32 行和 35 行, 调用延迟函数, 目的是调节数码管显示数字的频率, 使数字能稳定的在数码管上显示。

(4) 第 45~59 行为中断服务程序, 可以进行 10 ms 整数倍的任意定时。第 55 行, 在定时结束时, 可以指定单片机做一些工作。

【例 3-10】 在与单片机 P0 口连接的两个七段数码管上进行 15 s、20 s 的精确倒计时。15 s 倒计时中点亮 P3.0 脚连接的红灯, 熄灭 P3.1 脚连接的绿灯; 20 s 的倒计时中点亮 P3.1 脚连接的绿灯, 熄灭 P3.0 脚连接的红灯。如此循环。

参考源代码如下:

```
1.  #include "reg51.h"          /*头文件,包含单片机的内部引脚资源*/
2.  sbit k1=P2^0;
3.  sbit k2=P2^1;               /*数码管位控制*/
4.  sbit redLED=P3^0;           /*红灯控制*/
5.  sbit greLED=P3^1;           /*绿灯控制*/
6.  sbit switch_k=P1^0;         /*状态转换标识*/
7.  /* 共阴数码管显示数值0~9编码*/
8.  unsigned char tab[]={0x3f,0x06,0x5b,0x4f,0x66,0x6d,0x7d,0x07,0x7f,0x6f};
9.  unsigned char *str=tab;     /*全局变量指针定义,并把数组的首地址赋给指针*/
10. unsigned int second=20;     /*秒值*/
```

```
11.   unsigned char Dis_Shiwei;           /*定义十位*/
12.   unsigned char Dis_Gewei;            /*定义个位*/
13.   void init_timer1()
14.   {
15.       TMOD|=0x01; /*定时器 0、模式 0 时，"|"确保使用多个定时器时不受影响*/
16.       /* 10 ms in 12M crystal，工作在模式 0，16 位定时*/
17.       TH0=0xd8;                        /*赋初值高 8 位*/
18.       TL0=0xf0;                        /*赋初值低 8 位*/
19.       EA=1;                            /*总的中断*/
20.       TR0=1;                           /*启动定时器 0 开始计数或定时*/
21.       ET0=1;                           /*定时器 0 中断进行打开*/
22.   }
23.   void delay(unsigned int k)          /*软件延迟程序*/
24.   {
25.     while(k--);
26.     P0=0;                             /*屏蔽数码管间的干扰*/
27.   }
28.   /*数码管显示函数*/
29.   void dispaly()
30.   {
31.     P0=*(str+Dis_Shiwei);             /*显示十位*/
32.     k1=0;k2=1;                        /*数码管位选择，选择十位的数码管*/
33.     delay(300);                       /*短暂延时*/
34.     P0=*(str+Dis_Gewei);              /*显示个位*/
35.     k2=0; k1=1;                       /*数码管位选择，选择个位的数码管*/
36.     delay(300);                       /*短暂延时*/
37.   }
38.   main()
39.   {
40.     init_timer1();                    /*定时器初始化*/
41.     switch_k=1;
42.     while(1)
43.     {
44.        dispaly();                     /*显示数字*/
45.      if(switch_k) {redLED=0; greLED=1;} /*根据标识控制红绿灯的亮灭*/
46.          else {greLED=0;;redLED=1; }
47.     }
48.   }
49.   void time_isr(void) interrupt 3 using 1
```

```
50.  {
51.      static unsigned char count=0;              /*静态变量定义*/
52.      TH0=0xd8;                                    /*重新赋值高 8 位*/
53.      TL0=0xf0;                                    /*重新赋值低 8 位*/
54.      count++;                                     /*每 10 ms 增加 1 */
55.      if(count==100)                               /* 100 × 10 ms = 1 s，大致延时时间*/
56.        {
57.            count=0;                               /*1 s 定时复位*/
58.            second--;                              /*秒减 1 */
59.            if(second==0)
60.            {
61.                switch_k=~switch_k;                /*时间切换标识*/
62.                if(switch_k) second=20;            /*根据标识设定定时初值*/
63.                else second=15;
64.            }
65.            Dis_Shiwei=second/10;                  /*十位显示处理*/
66.            Dis_Gewei=second%10;                   /*个位显示处理*/
67.        }
68.  }
```

程序运行结果如图 3-15 所示。

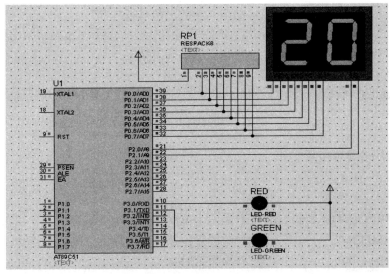

图 3-15　例 3-10 程序运行结果

说明：

(1) 第 45～46 行为单片机根据定时标识符进行对外控制部分。

(2) 第 59～64 行为单片机定时结束时重新设定倒计时时间。

【例 3-11】　在与单片机 P0 口连接的两个七段数码管上进行设定 1～99 s 的精确倒计时，并具有暂停、启动和复位功能。

参考源代码如下：

```
1.   #include "reg51.h"              /*头文件，包含单片机的内部引脚资源*/
2.   sbit k1=P2^0;
3.   sbit k2=P2^1;                   //数码管位控制
4.   sbit start_pause=P3^0;          /*启动/暂停控制键*/
5.   sbit reset=P3^1;                /*时间复位键*/
6.   /* 共阴数码管显示数值 0～9 编码*/
7.   unsigned char tab[]={0x3f,0x06,0x5b,0x4f,0x66,0x6d,0x7d,0x07,0x7f,0x6f};
8.   unsigned char *str=tab;         /*全局变量指针定义，并把数组的首地址赋给指针*/
9.   unsigned int second=100;        //秒值
10.  unsigned char Dis_Shiwei;       //定义十位
11.  unsigned char Dis_Gewei;        //定义个位
12.  void init_timer1()
13.  {
14.      TMOD|=0x01;/*定时器 0、模式时，"|"确保使用多个定时器时不受影响*/
15.      /*10ms in 12M crystal，工作在模式 0，16 位定时*/
16.      TH0=0xd8;                   /*赋初值高 8 位*/
17.      TL0=0xf0;                   /*赋初值低 8 位*/
18.      EA=1;                       /*总的中断*/
19.      TR0=1;                      /*启动定时器 0 开始计数或定时*/
20.      ET0=1;                      /*定时器 0 中断进行打开*/
21.  }
22.  void delay(unsigned int k)      /*软件延迟程序*/
23.  {
24.      while(k--);
25.      P0=0;                       /*屏蔽数码管间的干扰*/
26.  }
27.  /*数码管显示函数*/
28.  void dispaly()
29.  {
30.      P0=*(str+Dis_Shiwei);       /*显示十位*/
31.      k1=0;k2=1;                  /*数码管位选择，选择十位的数码管*/
32.      delay(300);                 /*短暂延时*/
33.      P0=*(str+Dis_Gewei);        /*显示个位*/
34.      k2=0; k1=1;                 /*数码管位选择，选择个位的数码管*/
35.      delay(300);                 /*短暂延时*/
36.  }
37.  main()
38.  {
```

```
39.     init_timer1();                 /*定时器初始化*/
40.     while(1)
41.     {
42.         dispaly();                 /*显示数字*/
43.     }
44. }
45. void time_isr(void) interrupt 3 using 1
46. {
47.     static unsigned char count=0;   /*静态变量定义*/
48.     TH0=0xd8;                      /*重新赋值高 8 位*/
49.     TL0=0xf0;                      /*重新赋值低 8 位*/
50.     if(start_pause)                /*暂停键判定，按下时暂停，否则正常计时*/
51.     {
52.         if(reset==0) second=100;   /*复位键判定，按下时复位，否则正常计时*/
53.         count++;                   /*每 10 ms 增加 1 */
54.         if(count==100)             /* 100×10 ms = 1 s，大致延时时间*/
55.         {
56.             count=0;                        /* 1 s 定时复位*/
57.             second--;                        /*秒减 1 */
58.             if(second==0)   { second=100;}   /*重新设定定时初值*/
59.             Dis_Shiwei=second/10;            /*十位显示处理*/
60.             Dis_Gewei=second%10;             /*个位显示处理*/
61.         }
62.     }
63. }
```

程序运行结果如图 3-16 所示。

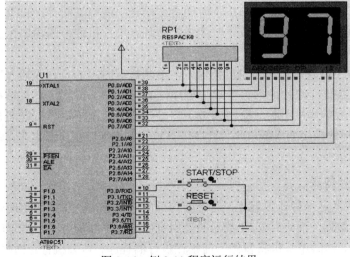

图 3-16　例 3-11 程序运行结果

说明：

第 50 行和 52 行为条件判定语句，判定相应单片机 I/O 口的状态是高电平还是低电平，相应地去执行各自的指令。这里的单片机 I/O 口作为输入口进行状态的读取。相应地得到"启动/暂停"键是否按下，"复位"键是否按下。

三、拓展应用

(1) 在与单片机 P0 口连接的一个七段数码管上进行循环显示 10 s 的精确倒计时，倒计时到 3 s 内时，点亮 P1.1 口控制的红灯，并让红灯进行 1 Hz 的频率闪烁，…… 如此循环。

提示：红灯进行 1 Hz 的频率闪烁，可以用定时 1 s 的中断实现；判定当前倒计时的时间是否小于 3 s，满足条件时，点亮红灯，下次 1 s 中断时，再熄灭。

(2) 在与单片机 P0 口连接的两个七段数码管上进行 10 s、15 s 的精确倒计时。10 s 倒计时中，点亮红灯，熄灭绿灯，红灯在倒计时到 3 s 内进行 250 Hz 的频率闪烁；15 s 的倒计时中，点亮绿灯，熄灭红灯，在倒计时到 3 s 内绿灯进行 250 Hz 的频率闪烁；…… 如此循环。计时中具有暂停、启动功能。

提示：在中断服务程序中，判定 count 计数值是否是 25 的整数倍，第一次满足条件点亮灯，第二次满足条件熄灭灯，就可实现 250 Hz 频率闪烁。

四、扩展阅读

1. 键盘检测原理及实现

键盘分为编码键盘和非编码键盘。键盘上闭合键的识别由专用的硬件编码器实现并产生键编码号的称为编码键盘，如计算机键盘；靠软件编程来识别的键盘称为非编码键盘。在单片机组成的各种系统中，用得较多的是非编码键盘。非编码键盘又分为独立键盘和矩阵键盘。

键盘实际上就是一组按键，在单片机外围电路中通常用到的按键都是机械弹性开关，当开关闭合时，线路导通；开关断开时，线路断开。按键通常有两种，一种是轻触式按键，一种是自锁式按键。轻触式按键被按下时闭合，松开手后自动断开；自锁式按键被按下时闭合且会自动锁住，只有再次被按下时才弹起断开。单片机的外围输出控制使用轻触式按键较好。

单片机的 I/O 口既可作输出也可作输入，检测按键时用的是它的输入功能。单片机检测按键原理：把按键一端接地，另一端与单片机的某个 I/O 口连接，开始先给该 I/O 口赋一个高电平，然后单片机不断地检测该 I/O 口是否变为低电平，当按键闭合时即相当于该 I/O 口通过按键与地相接变成低电平，程序一旦检测到 I/O 口变为低电平，则说明按键被按下，执行相应的指令。

2. 定时器/计数器

定时器/计数器是一种计数装置，若计数内部的时钟脉冲，可视为定时器；若计数外部脉冲，可视为计数器。而定时器/计数器的使用可以采用中断的方式，当定时或计数达到终点时即产生中断，这时单片机将暂停当前正在执行的程序，转去执行定时器中断服务程序，待完成定时中断服务程序后，再返回到刚才暂停的地方继续执行原程序。

1) 定时器/计数器种类

51系列单片机有两个定时器/计数器，即定时器/计数器0(简称T0)和定时器/计数器1(简称T1)。

2) 定时器/计数器的工作原理

定时器系统是单片机内部一个独立的硬件部分，它与单片机和晶振通过内部某些控制线连接并相互作用，单片机一旦被设置开启定时器的功能后，定时器便在晶振的作用下自动开始计时，当定时器的计数器计满后会产生中断，即通知单片机暂停当前的工作，转去处理定时器中断服务程序。即计时过程是单片机自动进行的，无需人工操作。

3) 定时器/计数器的计数原理

定时器/计数器的实质是加1计数器(16位)，由高8位寄存器和低8位寄存器组成。定时器T0的高8位寄存器为TH0，低8位寄存器为TL0；定时器T1的高8位寄存器为TH1，低8位寄存器为TL1。

加1计数器的输入脉冲有两个来源，一个是由系统的时钟振荡器输出脉冲经12分频后送来；另一个是T0脚或T1脚输入的外部脉冲源。每来一个脉冲，计数器加1，当计数器累加为全1时，再输入一个脉冲，计数器回零，且计数器使TCON寄存器中的TF0或TF1置1，向单片机发出中断请求。此时，如果定时器/计数器工作于定时模式，则表示定时时间已到；如果定时器/计数器工作于计数模式，则表示计数值已满。

4) 定时工作方式的设置

每个定时器/计数器都有四种工作方式，如表3-4所示。可通过TMOD寄存器中的M1M0位来进行工作方式的选择。如要设置为定时器0的工作方式1，则可通过语句"TMOD=0x01;"来实现；如要设置为定时器0的工作方式0，可通过语句"TMOD=0x00;"来实现；如要设置定时器1的工作方式1，可通过语句"TMOD=0x10;"来实现等。

表3-4　定时器/计数器的四种工作方式

M1	M0	工　作　方　式	计数范围
0	0	工作方式0，13位定时器/计数器	0～8192
0	1	工作方式1，16位定时器/计数器	0～65 536
1	0	工作方式2，8位定时器/计数器，自动加载功能	0～256
1	1	工作方式3，两个8位定时器/计数器，仅用于T0	0～256

5) 定时器/计数器初始值计算

定时器一旦启动，它便在原来的数值上开始加1计数，若在程序开始时没有设置TH0和TL0，它们的默认值都是0。假设时钟频率为12 MHz，12个时钟周期为一个机器周期，那么此时机器周期就是1 μs，计满TH0和TL0就需要65 536个数，再来一个脉冲计数器就溢出，随即向单片机申请中断。因此，溢出一次共需要65 536 μs，约等于65.5 ms。如果要定时50 ms，那么就需要先给TH0和TL0装一个初值，在这个初值的基础上计50 000个数后定时器溢出，此时就刚好是50 ms中断一次。当需要定时1 s，50 ms的定时中断20次后便认为是 1 s，这样便可精确控制定时器时间。要计 50 000 个数时，TH0 和 TL0 中应该装入的总数是 65 536 – 50 000 = 15 536，把 15 536 对 256 求模，即把 15536/256 装入 TH0 中，把 15536 对 256 求余，即把 15536%256 装入 TL0 中。

定时器初值的计数步骤如下：

(1) 求出机器周期 T；

(2) 求出计数个数 N；

(3) 确定定时的初值。

举例说明：若单片机的晶振频率为 11.0592 MHz，需要定时器 50 ms 中断一次，则计算定时器初值的步骤如下：

(1) 求出机器周期 T：$T = 12 \times (1/11059200) = 1.09 \ \mu s$。

(2) 求出定时 50 ms 所需的计数个数 N：N = 50000/1.09 = 45 872。

(3) 确定定时的初值。要计数 45 872 个数时，若用 16 位定时器，则最大计数值为 $2^{16} = 65\ 536$，则定时初值为：65 536 – 45 872 = 19 664。

6) 定时器初值设定

若使用定时器 0 工作方式 1，则初值设定如下：

       TH0=(65536 – 45872)/256;

       TL0=(65536 – 45872)%256。

7) 定时器及中断寄存器的初始化

在编写单片机的定时程序时，在程序开始处需要对定时器及中断寄存器做初始化设置，通常设定初始过程如下：

(1) 对 TMOD 赋值，确定 T0 或 T1 的工作方式；

(2) 计算初值，并将初值载入 TH0、TL0 或 TH1、TL1；

(3) 中断方式，对 IE 赋值，打开中断；

(4) 使 TR0 或 TR1 置位，启动定时器/计数器。

举例说明：

(1) 若设置定时器 0 工作方式 1，晶振频率为 12 MHz，定时 50 ms 中断一次，则初始化过程如下：

```
TMOD=0x01;                //设置定时器 0 工作方式 1
TH0=(65536-50000)/256;    //装初值，12 MHz 晶振定时 50 ms，计时 50000
TL0=(65536-50000)%256;
EA=1;                     //打开全局中断控制
ET0=1;                    //打开定时器 0 中断
TR0=1;                    //启动定时器 0
```

(2) 若设置定时器 0 工作方式 1，晶振频率为 12 MHz，定时 10 ms 中断一次，则初始化过程如下：

```
TMOD=0x01;                //设置定时器 0 工作方式 1
TH0=(65536-10000)/256;    //装初值，12 MHz 晶振定时 10 ms，计时 10000
TL0=(65536-10000)%256;
```

```
EA=1;                              //打开全局中断控制
ET0=1;                             //打开定时器 0 中断
TR0=1;                             //启动定时器 0
```

(3) 若设置定时器 1 工作方式 1，晶振频率为 12 MHz，定时 50 ms 中断一次，则初始化过程如下：

```
TMOD=0x10;                         //设置定时器 1 工作方式 1
TH1=(65536-50000)/256;             //装初值，12 MHz 晶振定时 50 ms，计时 50000
TL1=(65536-50000)%256;
EA=1;                              //打开全局中断控制
ET1=1;                             //打开定时器 1 中断
TR1=1;                             //启动定时器 1
```

(4) 若设置定时器 1 工作方式 1，晶振频率为 12 MHz，定时 10 ms 中断一次，则初始化过程如下：

```
TMOD=0x10;                         //设置定时器 1 工作方式 1
TH1=(65536-10000)/256;             //装初值，12 MHz 晶振定时 10 ms，计时 10000
TL1=(65536-10000)%256;
EA=1;                              //打开全局中断控制
ET1=1;                             //打开定时器 1 中断
TR1=1;                             //启动定时器 1
```

8) 中断服务程序

一般在中断服务程序中不要写过多的处理语句，因为语句过多会导致中断服务程序中的代码还未被执行完毕，下一次中断就来临，这样就会丢失这次中断。当单片机循环执行代码时，这种丢失累积出现，程序就会完全乱套。一般遵循的原则是：能在主程序中完成的功能就不在中断服务程序中完成，若一定要在中断服务程序中实现功能，那么一定要高效、简洁。下面给出了一段较为简洁的中断服务程序。

```
void time() interrupt 1
{
    static unsigned char count=0;  /*静态变量定义，只需分配一次内存*/
    TH0=(65536-45872)/256;         //加载初值
    TL0=(65536-45872)%256;
    count++;                       //count 每次加 1 后判定是否等于 20
    if(count==20)                  //如果等于 20，说明 1 s 时间到
    {
        count=0;                   //然后把 count 置 0
        ctime--;                   //显示的时间自动减 1 s
        if(ctime<0) ctime=99;      //若定时到 0，又从 99 s 开始倒计时
    }
}
```

任务 3-4　十字路口交通灯系统设计

一、设计要求

利用 AT89C51 单片机设计一个十字路口交通灯控制系统，该系统主要由单片机、数码管、交通灯组成。系统应用具有如下功能：

(1) 南北绿灯和东西绿灯不能同时亮。

(2) 南北方向上直行绿灯亮 23 s，倒计时到 3 s～0 s 时，绿灯闪烁，之后绿灯熄灭，黄灯亮 2 s。此时南北方向上左转亮红灯，东西方向上直行和左转始终亮红灯。

(3) 南北方向上左转绿灯亮 13 s，倒计时到 3 s～0 s 时，绿灯闪烁，之后绿灯熄灭，黄灯亮 2 s。此时南北方向上直行亮红灯，东西方向上直行和左转始终亮红灯。

(4) 东西方向上直行绿灯亮 18 s，倒计时到 3 s～0 s 时，绿灯闪烁，之后绿灯熄灭，黄灯亮 2 s。此时东西方向上左转亮红灯，南北方向上直行和左转始终亮红灯。

(5) 东西方向上左转绿灯亮 13 s，倒计时到 3 s～0 s 时，绿灯闪烁，之后绿灯熄灭，黄灯亮 2 s。此时东西方向上直行亮红灯，南北方向上直行和左转始终亮红灯。

(6) 信号灯按以上方式周而复始的工作。绿灯闪烁和黄灯亮，起着提醒作用。

二、方案论证

十字路口交通灯系统采用 AT89C51 单片机作为控制器，采用的是 LED 的共阳极接法，动态显示方式实现倒计时读秒。根据设计要求，画出图 3-17 所示交通灯平面示意图。

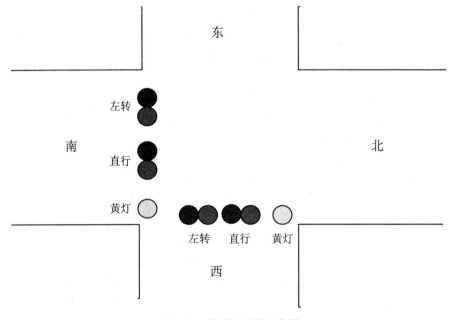

图 3-17　交通灯平面示意图

程序流程图如图 3-18 所示。

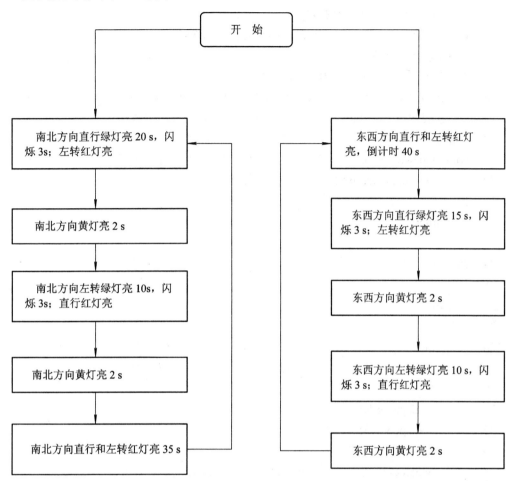

图 3-18 主程序流程图

三、系统实现

实现本任务的参考代码如下：

1. `#include <at89x51.h>`
2. `/*P2_0  东西方向 左转红灯*/`
3. `/*P2_1  东西方向 左转绿灯*/`
4. `/*P2_2  东西方向 直行红灯*/`
5. `/*P2_3  东西方向 直行绿灯*/`
6. `/*P2_4  东西方向 黄灯*/`
7.
8. `/*P3_0  南北方向 左转红灯*/`
9. `/*P3_1  南北方向 左转绿灯*/`
10. `/*P3_2  南北方向 直行红灯*/`

```
11.  /*P3_3    南北方向  直行绿灯*/
12.  /*P3_4    南北方向  黄灯*/
13.  void init();                    /*初始化定时器及路口红绿灯初始状态*/
14.  char temp=0,s=75;
15.  /*  共阴数码管显示数值 0～9 编码*/
16.  unsigned char code tab[]={0x3f,0x06,0x5b,0x4f,0x66,0x6d,0x7d,0x07,0x7f,0x6f};
17.  unsigned char *str=tab;         /*全局变量指针定义，并把数组的首地址赋给指针*/
18.  void dispns(char t);            /*南北方向数码管倒计时显示*/
19.  void dispew(char t);            /*东西方向数码管倒计时显示*/
20.  void delay(unsigned int t)      /*软件延迟函数*/
21.  {
22.      while(t--);
23.  }
24.  main()
25.  {
26.      while(1)
27.      {
28.          init();                 /*定时器计时，南北直行绿灯，其余红灯*/
29.          while(s>55)             /*南北方向直行绿灯亮 20 s */
30.          {
31.              dispns(s-50);
32.              dispew(s-35);
33.          }
34.          while(s>52)             /*南北方向直行绿灯闪烁 3 s */
35.          {
36.              dispns(s-50);
37.              P3_3=1;             /*南北方向直行绿灯灭*/
38.              delay(50);
39.              P3_3=0;             /*南北方向直行绿灯亮*/
40.              delay(50);
41.              dispew(s-35);
42.          }
43.          while(s>50)             /*南北方向直行绿灯灭，黄灯亮 2 s */
44.          {
45.              dispns(s-50);
46.              P3_3=1;             /*南北方向直行绿灯灭*/
47.              P3_4=0;             /*南北方向黄灯亮*/
48.              dispew(s-35);
49.          }
```

```
50.      while(s>40)        /*南北方向黄灯灭直行红灯亮，左转红灯灭绿灯亮 10 s */
51.      {
52.        dispns(s-35);
53.        P3_4=1;          /*南北方向黄灯灭*/
54.        P3_2=0;          /*南北方向直行红灯亮*/
55.        P3_0=1;          /*南北方向左转红灯灭*/
56.        P3_1=0;          /*南北方向左转绿灯亮*/
57.        dispew(s-35);
58.      }
59.      while(s>37)        /*南北方向左转绿灯闪烁 3 s */
60.      {
61.        dispns(s-35);
62.        P3_1=1;          /*南北方向左转绿灯灭*/
63.        delay(50);       /*延时*/
64.        P3_1=0;          /*南北方向左转绿灯亮*/
65.        delay(50);
66.        dispew(s-35);
67.      }
68.      while(s>35)        /*南北方向左转绿灯灭，黄灯亮 2 s */
69.      {
70.        dispns(s-35);
71.        P3_1=1;          /*南北方向左转绿灯灭*/
72.        P3_4=0;          /*南北方向黄灯亮*/
73.        dispew(s-35);
74.      }
75.      while(s>0)
76.      {
77.        P3_4=1;          /*南北方向黄灯灭*/
78.        P3_0=0;          /*南北方向左转红灯亮 35 s */
79.        while(s>20)      /*东西方向直行红灯灭，绿灯亮 15 s */
80.        {
81.          dispns(s);
82.          P2_2=1;        /*东西方向直行红灯灭*/
83.          P2_3=0;        /*东西方向直行绿灯亮*/
84.          dispew(s-15);
85.        }
86.        while(s>17)      /*东西方向直行绿灯闪烁 3 s */
87.        {
88.          dispew(s-15);
```

```
89.        P2_3=1;         /*东西方向直行绿灯灭*/
90.        delay(50);
91.        P2_3=0;         /*东西方向直行绿灯亮*/
92.        delay(50);
93.        dispns(s);
94.      }
95.    while(s>15)        /*东西方向直行绿灯灭，黄灯亮 2 s */
96.    {
97.      dispew(s-15);
98.        P2_3=1;         /*东西方向直行绿灯灭*/
99.        P2_4=0;         /*东西方向黄灯亮*/
100.       dispns(s);
101.     }
102.   while(s>5) /*东西方向黄灯灭，直行红灯亮，左转红灯灭、绿灯亮 10 s */
103.   {
104.     dispew(s);
105.       P2_4=1;         /*东西方向黄灯灭*/
106.       P2_2=0;         /*东西方向直行红灯亮*/
107.       P2_0=1;         /*东西方向左转红灯灭*/
108.       P2_1=0;         /*东西方向左转绿灯亮*/
109.       dispns(s);
110.     }
111.   while(s>2)         /*东西方向左转绿灯闪烁 3 s */
112.   {
113.     dispew(s);
114.       P2_1=1;         /*东西方向左转绿灯灭*/
115.       delay(50);
116.       P2_1=0;         /*东西方向左转绿灯亮*/
117.       delay(50);
118.       dispns(s);
119.     }
120.   while(s>0)         /*东西方向左转绿灯灭，黄灯亮 2 s */
121.   {
122.     dispew(s);
123.       P2_1=1;         /*东西方向左转绿灯灭*/
124.       P2_4=0;         /*东西方向黄灯亮*/
125.       dispns(s);
126.     }
127.  }
```

```
128.        s=75;      /*一轮循环结束，s置位，回到初始状态，开始下一轮循环*/
129.    }
130. }
131. void timer0() interrupt 1        /*定时器中断*/
132. {
133.    TH0=(65536-50000)/256;
134.    TL0=(65536-50000)%256;
135.    temp++;
136.    if(temp==20)
137.    {
138.        temp=0;
139.        s--;
140.    }
141. }
142. void init()                      /*初始化函数*/
143. {
144.    TMOD=0x01;
145.    TH0=(65536-50000)/256;
146.    TL0=(65536-50000)%256;
147.    EA=1;
148.    ET0=1;
149.    TR0=1;
150.    P2_0=0;P2_1=1;P2_2=0;P2_3=1;P2_4=1;
151.    P3_0=0;P3_1=1;P3_2=1;P3_3=0;P3_4=1;
152. }
153. void dispns(char t)              /*南北方向数码管倒计时显示*/
154. {
155.    P3_6=0;P3_7=1;                /*南北方向数码管显示位选*/
156.    P1=*(str+t/10);               /*南北方向数码管显示段选*/
157.    delay(10);
158.    P1=0;                         /*数码管消影*/
159.    P3_6=1;P3_7=0;
160.    P1=*(str+t%10);
161.    delay(10);
162.    P1=0;
163. }
164. void dispew(char t)              /*东西方向数码管倒计时显示*/
165. {
166.    P2_6=0;P2_7=1;                /*东西方向数码管显示位选*/
```

167.　　P0=*(str+t/10);　　　　　　/*东西方向数码管显示段选*/
168.　　delay(10);
169.　　P0=0;　　　　　　　　　　/*数码管消影*/
170.　　P2_6=1;P2_7=0;
171.　　P0=*(str+t%10);
172.　　delay(10);
173.　　P0=0;
174. }

程序运行结果如图 3-19 所示。

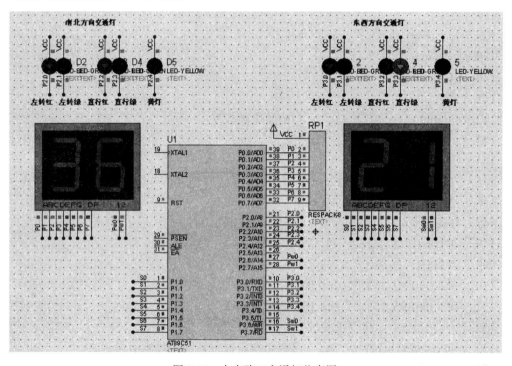

图 3-19　十字路口交通灯仿真图

四、课外拓展提高

系统仿真实现了系统设计要求。通过交通灯系统的设计发现，该系统还有一定的不足，读者可继续完善以下功能：

(1) 增加紧急情况处理，单向通行模式。

(2) 增加车流量自动检测，实现双向通行时间的动态控制。

项目四

简 易 数 字 钟

☆ 知识技能

(1) 掌握 LCD1602 的基本编程方法；

(2) 掌握独立按键编程方法；

(3) 了解有关时间计算的编程方法；

(4) 理解结构体、共同体、枚举类型的定义，掌握其使用方法；

(5) 了解宏定义、文件包含的概念，掌握其使用方法。

☆ 项目要求

本项目拟设计一个简易数字时钟，该数字时钟能以数字形式动态显示时、分、秒、年、月、日、周，并具备校时和闹铃功能。

☆ 项目内容

根据项目要求，本项目可分解为以下几个任务：

任务 4-1　数字钟显示界面设计——实现时间数字化的液晶显示。

任务 4-2　数字钟时间调节——实现按键校时功能。

任务 4-3　数字钟时间进位设计——实现对时分秒、年月日等计时周期的编程。

任务 4-4　数字钟闹铃实现。

任务 4-5　简易数字钟设计。

任务 4-1　　数字钟显示界面设计

一、任务导读

要以数字形式显示时间，首先要有一个能显示数字的显示屏，本项目使用 LCD1602 液晶显示器作为时间显示载体。

那么怎么能让 LCD1602 显示需要显示的东西呢？本任务以显示一位数字，再到显示多位数字(多个字符)，最后显示一个汉字为例，步步深入讲解 LCD1602 的编程方法。

二、案例讲解

【例 4-1】　在 LCD1602 上任意位置显示一位数字。

参考源代码包含 4-1.c 和 LCD1602.h 两个文件，代码如下所示：

文件 4-1.c 代码

```
1.  #include "AT89x52.h"
2.  #include "LCD1602.h"
3.  void main(void)          /*   主函数   */
4.  {
5.      LCD_Initial();        /*初始化 LCD1602，使 LCD 准备就绪*/
6.      GotoXY(1,0);          /*光标定位到第 2 行，第 1 个位置*/
7.      LCD_Write(1,'7');     /*写入一位数据，即字符 7*/
8.      while(1);
9.  }
```

文件 LCD1602.h 代码

```
1.  /*   延迟子函数   */
2.  void Delay1ms(unsigned int count)
3.  {
4.      unsigned int i,j;
5.      for(i=0;i<count;i++)
6.      for(j=0;j<120;j++);
7.  }
8.  /*   LCD1602 写数据或命令子函数   */
9.  void LCD_Write(bit style, unsigned char input)
10. {
11.     P2_0 = style;
12.     P2_1 = 0;
13.     P2_2 = 0;
14.     P0 = input;
```

```
15.          Delay1ms(5);
16.          P2_2 = 1;
17.          Delay1ms(5);
18.          P2_2 = 0;
19.    }
20.    /*   LCD1602 光标定位子函数   */
21.    void GotoXY(unsigned char x, unsigned char y)
22.    {
23.          if(x==0)                    /* x 代表行，y 代表列，x 等于 0 表示第 1 行*/
24.                LCD_Write(0,0x80|y);
25.          if(x==1)                    /* x 等于 1 表示第 2 行*/
26.                LCD_Write(0,0x80|(y-0x40));
27.    }
28.    /*   LCD1602 显示多个字符子函数   */
29.    void Print(unsigned char *str)
30.    {
31.          while(*str!='\0')           /*循环结构，一次输出显示一个字符*/
32.          {
33.                LCD_Write(1,*str);     /*直到遇到字符串结束标志才不再循环*/
34.                str++;                 /*每次循环，指针地址加 1 */
35.          }
36.    }
37.    /*   LCD1602 显示自定义字符子函数   */
38.    void CGRAM_Tab(unsigned char *t,unsigned char x)
39.    {
40.          unsigned char i = 0;
41.          LCD_Write(0,0x40|x);
42.          for(i=0;i<8;i++)
43.                LCD_Write(1,t[i]);
44.    }
45.    /*   LCD1602 初始化子函数   */
46.    void LCD_Initial()
47.    {
48.          P2_2 = 0;
49.          LCD_Write(0,0x38);/*设定 8 位数据线，显示 2 行，每个字符由 5×7 点阵构成*/
50.          LCD_Write(0,0x0c); /*打开显示，无光标*/
51.          LCD_Write(0,0x01); /*清屏*/
52.    }
```

程序运行结果如图 4-1 所示。

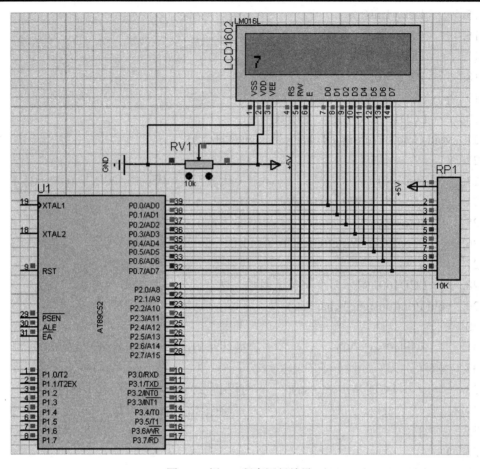

图 4-1 例 4-1 程序运行结果

说明：

(1) 项目四所有例子的电路图均如图 4-1 所示，此后为了节省篇幅，截图只截取 LCD 显示部分。

(2) 项目四使用 LCD1602 作为液晶显示器，它可以显示 2 行 16 列共 32 个字符。

(3) 本例第 2 行 #include "LCD1602.h" 表示本程序调用了 LCD1602.h 文件中的 4 个自定义子函数，它们分别是延迟子函数 void Delay1ms(unsigned int count)、LCD1602 写数据或命令子函数 void LCD_Write(bit style, unsigned char input)、LCD1602 光标定位子函数 void GotoXY(unsigned char x, unsigned char y)、LCD1602 初始化子函数 void LCD_Initial()。此后的例子都使用到了 LCD1602.h 这个头文件，为了节省篇幅，文件 LCD1602.h 代码不再单独列出。

(4) 让 LCD 显示一个字符就如主函数里第 5、6、7 行一样分三步走。首先初始化 LCD，让 LCD 为显示字符做好准备，准备工作包含是否清屏、是否显示光标、选择光标显示模式、字符的点阵构成、显示行数等。其次是使光标定位到字符显示的位置，第几行第几列。最后，在光标位置显示出需要显示的字符。

(5) GotoXY(1,0);语句表示光标指示到第 2 行第一个位置。LCD1602 共 2 行 16 列，这里用 0 代表第 1 行和第 1 列。GotoXY(unsigned char x, unsigned char y)函数的第一个参数表

示行，0 代表第 1 行，1 代表第 2 行；第二个参数表示列，0 代表第 1 列，1 代表第 2 列，依此类推，15 代表第 16 列。两个参数类型都是 unsigned char 型。

(6) LCD_Write(1,'7');语句表示在光标所在位置显示一个字符。LCD_Write(bit style, unsigned char input)函数有两种功能：第一个参数等于 1 表示这条语句是让 LCD 显示一个字符；等于 0 表示这条语句是设置 LCD 的显示方式，比如 LCD_Initial()中都是这种功能语句。如果第一个参数等于 1，那么第二个参数就表示需要显示的字符，本例是显示"7"这个字符，因为第二个参数类型是 unsigned char 型，所以只能一次显示一个字符，而且这里的 7 是用单引号引起来的。

【例 4-2】　在 LCD1602 上显示多个字符。

参考源代码如下：

```
1.   #include "AT89x52.h"
2.   #include "LCD1602.h"
3.   void main(void)              /*   主函数   */
4.   {
5.       char str1[] = "Friday!";    /*定义 str1 数组，存放字符串"Friday!"*/
6.       char *str2;               /*定义 str2 指针变量*/
7.       str2 = "Week:";           /*str2 指针指向字符串"Week："*/
8.       LCD_Initial();            /*使 LCD1602 做好准备*/
9.       GotoXY(0,0);              /*光标移至第 1 行第 1 列的位置*/
10.      Print("Today is ");       /*显示字符串"Today is"*/
11.      Print(str1);              /*显示数组 str1 里存放的字符串*/
12.      GotoXY(1,5);              /*光标移至第 2 行第 6 列的位置*/
13.      Print(str2);              /*显示指针变量 str2 指向的字符串*/
14.      LCD_Write(1,'5');         /*显示单个字符"5"*/
15.      while(1);
16.  }
```

程序运行结果如图 4-2 所示。

图 4-2　例 4-2 程序运行结果

说明：

(1) 本例调用了 void Print(unsigned char *str)函数，这个子函数的作用是让 LCD 输出显示多个字符。注意，Print 函数调用了 LCD_Write 函数，所以 Print 函数是建立在输出显示单个字符子函数 void LCD_Write(bit style, unsigned char input)之上的，因此在子函数代码编写的顺序上要使 LCD_Write 函数在 Print 函数之前。Print 函数通过指针循环加 1，查找字符串结束标志 "\0" 来逐个输出显示字符串的每个字符。

(2) 第 5、6、7 行提供了两种字符串的定义方式：第一种是数组方式，str1 是字符型数组，不仅是数组名，也是数组存放第一个字符的地址；第二种是指针方式，str2 是字符型指针变量，通过语句 str2 = "Week:";把字符串的首地址赋给 str2。在这两种方法中，str1 和 str2 都代表了字符串的首地址，所以在 Print 函数调用参数时，调用的都是字符串的首地址，通过 while 循环地址加 1，也就实现了调用整个字符串的目的。

(3) 第 10 行，Print 函数的参数是字符串常量，字符串需要用双引号引起来。注意区别第 14 行，LCD_Write 函数的第二个参数是字符类型，输出单个字符是用单引号将字符引起来。

【例 4-3】 在 LCD1602 上显示自定义符号。

参考源代码如下：

```
1.    #include "AT89x52.h"
2.    #include "LCD1602.h"
3.    unsigned char nian[]={0x0f,0x12,0x0f,0x0a,0x1f,0x02,0x02,0x00};
4.    unsigned char yue[]={0x0f,0x09,0x0f,0x09,0x0f,0x09,0x0b,0x00};
5.    unsigned char ri[]={0x0f,0x09,0x09,0x0f,0x09,0x09,0x0f,0x00};
6.    void main(void)              /*    主函数    */
7.    {
8.        LCD_Initial();
9.        CGRAM_Tab(nian,0x00);    /*0x40|0x00=(01 000 000)第 1 行第一个字符*/
10.       CGRAM_Tab(yue,0x08);     /*0x40|0x08=(01 001 000)第 1 行第二个字符*/
11.       CGRAM_Tab(ri,0x10);      /*0x40|0x10=(01 010 000)第 1 行第三个字符*/
12.       GotoXY(0,0);
13.       LCD_Write(1,0x00);
14.       LCD_Write(1,0x01);
15.       LCD_Write(1,0x02);
16.       while(1);
17.   }
```

程序运行结果如图 4-3 所示。

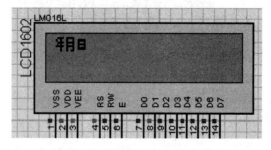

图 4-3 例 4-3 程序运行结果

说明：

(1) LCD1602 液晶模块内部的字符发生存储器(CGROM)已经存储了 160 个不同的点阵

字符图形，这些字符有：阿拉伯数字、大小写英文字母、常用的符号和日文假名等，每一个字符都有一个固定的地址代码，比如大写的英文字母"A"的地址是 01000001B(41H)。00000000B～00000111B(00H～07H)地址的内容是没有定义的，它留给用户自己定义，叫做CGRAM。像中文这样的字符用户可以先在 CGRAM 中定义，然后同调用 CGROM 字符一样来调用它们。

　　(2) 本例第 9、10、11 行定义了三个数组：nian[]、yue[]、ri[]。一个数组包含 8 个元素，每个元素有 8 位，所以一个数组就可以表示一个 8×8 点阵的字符(其中 0 表示白点，1 表示黑点)，图 4-4、图 4-5、图 4-6 分别显示了"年"、"月"、"日"这 3 个汉字的点阵构成及其数组构成。注意，由例 4-1 程序的 LCD 初始化子函数中我们可知，每个字符由 5×7 点阵构成，所以虽然这里是 8×8 点阵，但只能使用右上角的 5×7 点阵。如果写复杂的符号或汉字，有时可能需要几个 8×8 点阵共同组成。

　　(3) 本例中 CGRAM_Tab 函数为显示自定义字符子函数，读者拿来使用即可。

0	0	0	0	1	1	1	1	0x0f = (0000 1111)b
0	0	0	1	0	0	1	0	0x12 = (0001 0010)b
0	0	0	0	1	1	1	1	0x0f = (0000 1111)b
0	0	0	0	1	0	1	0	0x0a = (0000 1010)b
0	0	1	1	1	1	1	1	0x1f = (0001 1111)b
0	0	0	0	0	0	1	0	0x02 = (0000 0010)b
0	0	0	0	0	0	1	0	0x02 = (0000 0010)b
0	0	0	0	0	0	0	0	0x00 = (0000 0000)b

图 4-4　"年"字点阵构成

0	0	0	1	1	1	1	1	0x1f = (0001 1111)b
0	0	0	1	0	0	0	1	0x11 = (0001 0001)b
0	0	0	1	1	1	1	1	0x1f = (0001 1111)b
0	0	0	1	0	0	0	1	0x11 = (0001 0001)b
0	0	0	1	1	1	1	1	0x1f = (0001 1111)b
0	0	0	1	0	0	0	1	0x11 = (0001 0001)b
0	0	0	1	0	0	1	1	0x13 = (0001 0011)b
0	0	0	0	0	0	0	0	0x00 = (0000 0000)b

图 4-5　"月"字点阵构成

0	0	0	0	0	0	0	0	0x00 = (0000 0000)b
0	0	0	1	1	1	1	1	0x1f = (0001 1111)b
0	0	0	1	0	0	0	1	0x11 = (0001 0001)b
0	0	0	1	1	1	1	1	0x1f = (0001 1111)b
0	0	0	1	0	0	0	1	0x11 = (0001 0001)b
0	0	0	1	1	1	1	1	0x1f = (0001 1111)b
0	0	0	0	0	0	0	0	0x00 = (0000 0000)b
0	0	0	0	0	0	0	0	0x00 = (0000 0000)b

图 4-6　"日"字点阵构成

三、拓展应用

　　(1) 编写程序实现如图 4-7 所示的静态时间显示。

图 4-7　静态时间显示图

　　(2) 编写程序实现如图 4-8 所示的自定义符号显示。

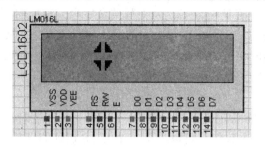

图 4-8　自定义符号显示图

四、扩展阅读

1. LCD1602

1) LCD1602 简介

图 4-9 所示为 LCD1602 的实物图,它是一种工业字符型液晶显示器,因为可以显示 16 列×2 行的字符,所以称为 1602。它有 16 根引脚,其中有 8 根引脚是数据线(如图 4-8 所示中的 D0~D7),另外有 3 根引脚我们编程时需要经常使用,即 RS、RW 和 E。这 3 根引脚的高低电平决定了向 LCD1602 传输的数据的作用:是设置 LCD1602 本身的功能,比如是否显示光标、清屏否、光标闪烁否、显示几行等;还是传输需要 LCD1602 显示的内容。本例 LCD_Write 子函数充分说明了这点。

 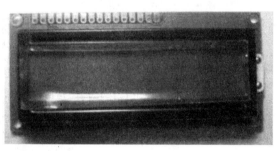

图 4-9　LCD1602 实物图

2) LCD1602 控制命令

LCD1602 内部的控制器共有 11 条控制指令,以 LCD_Write 子函数为例,当 LCD_Write 函数第一个参数为 0 时,表示向 LCD 发送控制指令;当 LCD_Write 函数第一个参数为 1 时,表示向 LCD 发送显示的数据内容。当发送控制指令时,第二个参数的二进制意义如下:

(1) 指令 1:清屏,LCD_Write(0,0x01),光标复位到地址 00H 位置。

指令	D7	D6	D5	D4	D3	D2	D1	D0
清屏	0	0	0	0	0	0	0	1

(2) 指令 2:光标复位,光标返回到地址 00H。

指令	D7	D6	D5	D4	D3	D2	D1	D0
复位	0	0	0	0	0	0	1	任意

(3) 指令 3：光标和显示模式设置。

I/D：写入数据后光标移动方向。1—右移；0—左移。

S：屏幕上所有文字是否右移。1—右移一个字符；0—不移动。

指令	D7	D6	D5	D4	D3	D2	D1	D0
模式设置	0	0	0	0	0	1	I/D	S

(4) 指令 4：显示开关控制。

D：控制整体显示的开与关。1—开显示；0—关显示。

C：控制光标的开与关。1—有光标；0—无光标。

B：控制光标是否闪烁。1—闪烁；0—不闪烁。

指令	D7	D6	D5	D4	D3	D2	D1	D0
显示	0	0	0	0	1	D	C	B

(5) 指令 5：光标或显示移位。

S/C：1—移动显示的文字；0—移动光标。

R/L：1—右移；0—左移。

指令	D7	D6	D5	D4	D3	D2	D1	D0
移屏	0	0	0	1	S/C	R/L	任意	任意

(6) 指令 6：功能设置命令。

DL：1—4 位总线；0—8 位总线。

N：0—单行显示；1—双行显示。

F：0—显示 5×7 的点阵字符；1—显示 5×10 的点阵字符。

指令	D7	D6	D5	D4	D3	D2	D1	D0
功能	0	0	1	DL	N	F	任意	任意

(7) 指令 7：字符发生器 RAM 地址设置。

指令	D7	D6	D5	D4	D3	D2	D1	D0
CGRAM	0	1	CGRAM 的地址					

(8) 指令 8：DDRAM 地址设置。

指令	D7	D6	D5	D4	D3	D2	D1	D0
DDRAM	1	DDRAM 的地址						

3) LCD1602 写数据命令

当发送显示数据内容时，也即写数据命令。

LCD1602 识别的是字符的 ASCII 码，在本任务编程中 LCD_Write 子函数可以用 ASCII 码直接赋值，还可以用字符型常量或变量赋值。例如显示 2 这个字符，LCD_Write 语句可以写成 LCD_Write(1,'2');这种字符常量赋值形式，也可以写成 LCD_Write(1,0x32);这种直接赋 2 的 ASCII 码值的形式，或者写成变量形式 x=32; LCD_Write(1,x);。

2．文件包含

文件包含指在一个 C 语言源程序文件中将另一个 C 语言源程序文件包含进来，通过 #include 预处理指令实现。文件包含的一般形式有下面两种：

(1) #include "被包含文件名"。

(2) #include <被包含文件名>。

被包含文件名是系统提供的，则使用第二种形式；如果是用户自定义的，一般使用第一种形式。因为自定义的文件一般存放在当前目录下，当文件名用双引号括起来时，系统首先会在当前目录中寻找包含的文件，若找不到，再以系统指定的标准方式检索其他目录；而用尖括号时，系统直接按指定的标准方式进行检索。

任务 4-2　数字钟时间调节

一、任务导读

任务 4-1 讲了如何让 LCD1602 显示需要显示的内容，但是显示的内容不能被更改，或者说需要显示不同内容时，只能重新更改程序。任务 4-2 将使用一个按键，让 LCD1602 上显示的数字随按键动作变化起来。

首先通过例子实现按键加 1 效果，其次实现两个按键分别加 1 和减 1 效果，然后再通过例子了解怎么使用按键更改 LCD 显示屏的任意位置的数值，最后综合运用本任务的知识实现静态时间校时功能。

二、案例讲解

【例 4-4】 在 LCD1602 上显示一位数字，实现显示的数字随按键动作加 1。

参考源代码如下：

```
1.   #include "AT89x52.h"
2.   #include "LCD1602.h"
3.   sbit set_key = P2^3;              /*定义 set_key 为 P2 口的第 4 位*/
4.   void main(void)                   /*主函数*/
5.   {
6.       int key_count = 0;
7.       unsigned char count_str[1];
8.       count_str[1] = key_count + '0'; /*将数字变量的数值转换为字符型存入字符串*/
9.       LCD_Initial();
10.      GotoXY(0,0);
11.      Print(count_str);             /*单片机第一次上电运行显示的数值*/
12.      while(1)
```

```
13.          {
14.              if(set_key==0)          /*判断按键是否按下*/
15.               {                      /*键按下，进入下面延迟*/
16.                  Delay1ms(150);  /*延时一小段时间，一般 0.1 s 比较合适*/
17.                  if(set_key==0)    /*再次判断按键是否仍然是按下状态*/
18.                   {                  /*键按下，进入下面按键按下流程*/
19.                      key_count++;
20.                      while(!set_key);   /*按键如果释放，跳出按键按下流程*/
21.                      count_str[1] = key_count + '0';
22.                      GotoXY(0,0);
23.                      Print(count_str);
24.                   }
25.               }
26.          GotoXY(0,0);
27.          }
28.  }
```

程序运行结果如图 4-10 所示。

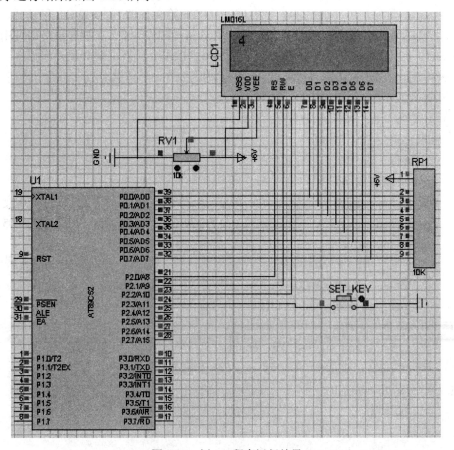

图 4-10 例 4-4 程序运行结果

说明:

(1) 由于人手按键的机械特性,当按下一次按键的时候,按键并不能保持良好的连续的接触,而是间断的抖动性的接触,虽然这个时间很短,但是对于单片机来说,这么短的时间内可以做很多事情,比如单片机会认为在这么短的时间内按键被按下了很多次。所以为了提高系统的稳定性和精确度,防止误操作,一般都要对按键进行去抖处理。去抖动有软件去抖和硬件去抖两种方法,本例采用了软件去抖方法。程序第 14~25 行即是按键按下后程序需要执行的部分。

(2) key_count 是数值型的,而 LCD 只能显示字符,因此需要进行字符转换。数字 0 的 ASCII 码值是 48,任何数字加上 48 后就是这个数字本身的 ASCII 码值,所以第 8 行语句 key_count 后面加的 '0',其实就是加 48,这样一来,count_str[1] 数组里就存放的是数字字符了。

(3) 从电路图上看,按键连接着单片机的 P2.3 引脚,当按键没有按下去的时候(如图 4-10 所示),引脚是高电平(在 protues 仿真软件中,引脚上的红色方块代表引脚是高电平,蓝色方块代表引脚是低电平);当按键按下去的时候,引脚和地的电平一样,是低电平。程序中通过这个 P2.3 引脚是高电平还是低电平来判断按键是否按下。

(4) 第 3 行语句定义 set_key 为 P2 口的第 4 位,即单片机的 P2.3 引脚。程序中任何使用到 P2.3 口的地方都可用 set_key 代替,set_key 代表的是按键连接的引脚,这样做既方便编写又容易理解程序。再比如例 4-1 文件 LCD1602.h 第 9 行的 LCD_Write 子函数,如果定义为: sbit LcdRs = P2^0; sbit LcdRw = P2^1; sbit LcdEn = P2^2;,那么在程序中任何使用到 P2.0 口、P2.1 口、P2.2 口的地方都可用 LcdRs、LcdRw、LcdEn 代替,就会使程序很容易理解。

【例 4-5】 在 LCD1602 上显示一个 4 位数、通过两个按键分别实现这个数字加 1 和减 1 的效果。

参考源代码如下:

```
1.    #include "AT89x52.h"
2.    #include "stdio.h"
3.    #include "LCD1602.h"
4.    sbit up_key = P2^3;                    /*定义 up_key 为 P2 口的第 4 位*/
5.    sbit down_key = P2^4;                  /*定义 down_key 为 P2 口的第 5 位*/
6.    void main(void)                        /*  主函数  */
7.    {
8.        int key_count = 1000;
9.        unsigned char count_str[4];
10.       LCD_Initial();
11.       sprintf(count_str,"%d",key_count);  /*转换数值型变量为字符串*/
12.       GotoXY(0,0);
13.       Print(count_str);
14.       while(1)
15.       {
16.           if(up_key==0)
```

```
17.              {
18.                  Delay1ms(5);
19.                  if(up_key==0)
20.                      {
21.                          key_count++;
22.                          while(!up_key);
23.                          sprintf(count_str,"%d",key_count);
24.                          GotoXY(0,0);
25.                          Print(count_str);
26.                      }
27.              }
28.              if(down_key==0)
29.              {
30.                  Delay1ms(5);
31.                  if(down_key==0)
32.                      {
33.                          key_count--;
34.                          while(!down_key);
35.                          sprintf(count_str,"%d",key_count);
36.                          LCD_Write(0,0x01);        /*LCD1602清屏*/
37.                          GotoXY(0,0);
38.                          Print(count_str);
39.                      }
40.              }
41.          GotoXY(0,0);
42.          }
43. }
```

程序运行结果如图 4-11 所示。

说明：

(1) 程序第 28~40 行这个 if 语句用于判断 down_key(减法按键)是否按下,和第 16~27 行的 if 语句属于并列关系,即同时判断 up_key 和 down_key 的变化状态。

(2) 程序第 11 行使用到了 sprintf 函数,格式化数字字符串,主要功能是把格式化的数据写入某个字符串中,头文件必须包含 stdio.h 才能使用。三个参数的意义分别是：第一个参数是 char 指针型,表示欲写入的字符串的地址；第二个参数也是 char 指针型,表示字符串是以何种数据格式存放的,是浮点还是整型等；第三个参数是欲转换的数值或数值变量。

(3) 本例程序中使用到了清屏语句,如第 36 行。其原因是：假如上一次数据是 1000,当减 1 时变成了三位数据 999, 999 就会把 1000 左边 3 位的千、百、十位替代掉,而 1000 的个位 0 没有被替换掉且保留了下来,就成了 9990。为了避免这样的显示错误,在每次减 1 之后要清屏,而加 1 则不需要。

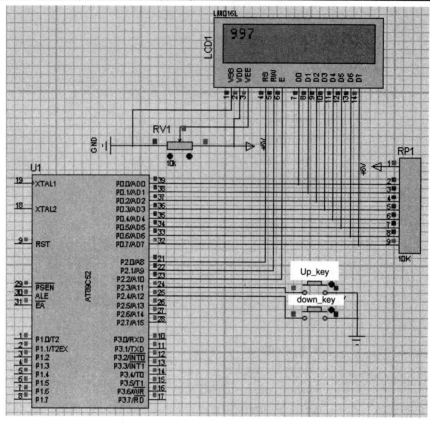

图 4-11　例 4-5 程序运行结果

【例 4-6】　在 LCD1602 上显示一个任意 4 位数，通过按键实现以下功能：① 光标可停在 4 位数字的任意位；② 光标所在位数字闪烁；③ 可以任意改变某一位上的数字。

参考源代码如下：

```
1.   #include "AT89x52.h"
2.   #include "LCD1602.h"
3.   sbit set_key = P2^3;
4.   sbit up_key = P2^4;
5.   void main(void)        /* 主函数 */
6.   {   /*定义存放个、十、百、千位的变量，光标位置变量*/
7.       unsigned char q_count,b_count,s_count,g_count,position;
8.       int key_count = 1000;
9.       unsigned char count_str[4];
10.      LCD_Initial();
11.      q_count = key_count/1000;            /*求千位数*/
12.      b_count = key_count%1000/100;        /*求百位数*/
13.      s_count = key_count%1000%100/10;     /*求十位数*/
14.      g_count = key_count%1000%100%10;     /*求个位数*/
15.      count_str[0] = q_count + '0';        /*存放千位数到字符串里*/
```

```
16.        count_str[1] = b_count + '0';              /*存放百位数到字符串里*/
17.        count_str[2] = s_count + '0';              /*存放十位数到字符串里*/
18.        count_str[3] = g_count + '0';              /*存放个位数到字符串里*/
19.        GotoXY(0,0);
20.        Print(count_str);
21.        GotoXY(0,3);                               /*修正，写入数据后光标不移动*/
22.        position = 3;                              /*修正，光标位置*/
23.        while(1)
24.        {
25.            if(set_key==0)                         /*判断移位按键是否按下*/
26.            {
27.                Delay1ms(150);
28.                if(set_key==0)
29.                {                                  /*光标在 0 到 3 的位置变化*/
30.                    position++;
31.                    if(position>3)
32.                        position = 0;
33.                    GotoXY(0,position);
34.                }
35.            }
36.            if(up_key==0)                          /*判断加法按键是否按下*/
37.            {
38.                Delay1ms(150);
39.                if(up_key==0)
40.                {
41.                    switch(position)        /*判断哪位数字需要调整*/
42.                    {
43.                        case 0:q_count++;      /*千位数字需要调整 +1 */
44.                            if(q_count>9)q_count = 0;
45.                            count_str[0] = q_count + '0';
46.                            LCD_Write(1,count_str[0]);      /*只重写千位数字*/
47.                            GotoXY(0,position);             /*修正光标位置*/
48.                            break;
49.                        case 1:b_count++;              /*百位数字需要调整 +1 */
50.                            if(b_count>9)b_count = 0;
51.                            count_str[1] = b_count + '0';
52.                            LCD_Write(1,count_str[1]);      /*只重写百位数字*/
53.                            GotoXY(0,position);             /*修正光标位置*/
54.                            break;
```

```
55.                    case 2:s_count++;                      /*十位数字需要调整+1*/
56.                         if(s_count>9)s_count = 0;
57.                         count_str[2] = s_count + '0';
58.                         LCD_Write(1,count_str[2]);          /*只重写十位数字*/
59.                         GotoXY(0,position);                 /*修正光标位置*/
60.                         break;
61.                    case 3:g_count++;                        /*个位数字需要调整+1*/
62.                         if(g_count>9)g_count = 0;
63.                         count_str[3] = g_count + '0';
64.                         LCD_Write(1,count_str[3]);          /*只重写个位数字*/
65.                         GotoXY(0,position);                 /*修正光标位置*/
66.                         break;
67.                    default:break;
68.                 }
69.              }
70.            }
71.         }
72.  }
```

程序运行结果如图 4-12 所示。

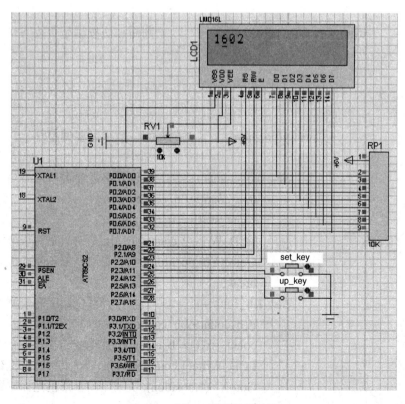

图 4-12　例 4-6 程序运行结果

说明：

(1) 为了完成本例光标的移动和闪烁效果，故而把 LCD_Initial 函数(LCD 初始化函数)重新设置了一下，代码如下：

```
1.    /*   LCD1602 初始化子函数   */
2.    void LCD_Initial()
3.    {
4.        P2_2 = 0;
5.        LCD_Write(0,0x38);/*设定 8 位数据线，显示 2 行，每字符由 5×7 点阵构成*/
6.        LCD_Write(0,0x0f);/*打开显示，有光标，光标闪烁*/
7.        LCD_Write(0,0x01);/*清屏*/
8.    }
```

(2) 本例为了能调整个、十、百、千位各位的数字，所以不使用例 4-5 中的 sprintf 函数来进行数值到字符串的转换，而是先求出数字的千、百、十、个位各位(第 11～14 行)，再依次存放到字符串数组里面(第 15～18 行)。第 41～68 行代码，使用 switch-case 语句判断出光标位置之后，只更改某一位的数字，而不需要重写整个 4 位数。

【例 4-7】 实现时、分、秒的静态校时。

参考源代码如下：

文件 4-7.c 代码

```
1.    #include "AT89x52.h"
2.    #include "timer.h"
3.    #include "LCD1602.h"
4.    sbit set_key = P2^3;
5.    sbit up_key = P2^4;
6.    unsigned char time_str[8];              /*全局变量定义*/
7.    unsigned char second,minute,hour;       /*全局变量定义*/
8.    void main(void)                         /*   主函数   */
9.    {
10.       unsigned char set_key_count = 0;    /*存放功能键状态*/
11.       second = 55;                        /*初始时间值*/
12.       minute = 59;                        /*初始时间值*/
13.       hour = 23;                          /*初始时间值*/
14.       LCD_Initial();
15.       GotoXY(1,0);
16.       Print("Time:    ");
17.       Time2Str();                         /*时间转字符串子函数调用*/
18.       GotoXY(1,8);                         /*在第 2 行第 9 个位置处*/
19.       Print(time_str);                    /*显示初始时间值*/
20.       while(1)
21.       {
```

```
22.        if(set_key==0)                        /*功能键检测*/
23.        {
24.            Delay1ms(100);
25.            if(set_key==0)
26.            {
27.                if(set_key_count>3)
28.                    set_key_count = 0;
29.                set_key_count++;            /*每按一次，功能状态值转变一次*/
30.                switch(set_key_count)       /*功能键功能状态选择*/
31.                {
32.                    case 0:LCD_Write(0,0x0c);break;              /*光标不闪烁*/
33.                    case 1:GotoXY(1,9);LCD_Write(0,0x0f);break;
34.                    case 2:GotoXY(1,12);LCD_Write(0,0x0f);break;
35.                    case 3:GotoXY(1,15);LCD_Write(0,0x0f);break;
36.                    default:break;
37.                }
38.            }
39.        }
40.        if(up_key==0&&set_key_count!=0)       /*校时键检测*/
41.        {
42.            Delay1ms(100);
43.            if(up_key==0)
44.            {
45.                switch(set_key_count)          /*根据功能状态判别加 1 对象*/
46.                {
47.                    case 0:break;
48.                    case 1:hour++;             /*小时校时*/
49.                        if(hour==24)           /*小时 24 进制修正*/
50.                            hour = 0;
51.                        GotoXY(1,8);           /*修改小时位置处的数字*/
52.                        Time2Str();            /*修改后的小时及时转换为字符串*/
53.                        LCD_Write(1,time_str[0]);   /*显示修改后的小时*/
54.                        LCD_Write(1,time_str[1]);
55.                        GotoXY(1,9);LCD_Write(0,0x0f);   /*光标闪烁*/
56.                        break;
57.                    case 2:minute++;           /*分校时*/
58.                        if(minute==60)         /*分 60 进制修正*/
59.                            minute = 0;
60.                        GotoXY(1,11);          /*修改分位置处的数字*/
```

```
61.                    Time2Str();          /*修改后的分及时转换为字符串*/
62.                    LCD_Write(1,time_str[3]);          /*显示修改后的分*/
63.                    LCD_Write(1,time_str[4]);
64.                    GotoXY(1,12);LCD_Write(0,0x0f);  /*光标闪烁*/
65.                    break;
66.            case 3:second++;              /*秒校时*/
67.                    if(second==60)          /*秒 60 进制修正*/
68.                        second = 0;
69.                    GotoXY(1,14);          /*修改秒位置处的数字*/
70.                    Time2Str();            /*修改后的秒及时转换为字符串*/
71.                    LCD_Write(1,time_str[6]);          /*显示修改后的秒*/
72.                    LCD_Write(1,time_str[7]);
73.                    GotoXY(1,15);LCD_Write(0,0x0f);  /*光标闪烁*/
74.                    break;
75.            default:break;
76.            }
77.        }
78.    }
79.  }
80. }
```

文件 timer.h 代码

```
1.    extern unsigned char time_str[8];
2.    extern unsigned char n_50ms,second,minute,hour;
3.    /*  定时器 0 中断初始化函数   */
4.    void Timer0_Initial()
5.    {
6.    TMOD = 0x01;         /*定时器 0 工作在方式 1 模式下——16 位计数器*/
7.    ET0 = 1;             /*允许定时器 0 中断*/
8.    EA = 1;              /*开总中断*/
9.    TR0 = 1;             /*启动定时器 0*/
10.  }
11.  /*  时间转换为字符串子函数   */
12.  void Time2Str()
13.  {
14.      time_str[0] = hour/10 + '0';       /* hour 值的十位*/
15.      time_str[1] = hour%10 + '0';       /* hour 值的个位*/
16.      time_str[2] = ':';
17.      time_str[3] = minute/10 + '0';     /* minute 值的十位*/
18.      time_str[4] = minute%10 + '0';     /* minute 值的个位*/
```

```
19.        time_str[5] = ':';
20.        time_str[6] = second/10 + '0';        /* second 值的十位*/
21.        time_str[7] = second%10 + '0';        /* second 值的个位*/
22.   }
23.   /*   定时器 0 中断函数   */
24.   void Timer0_ISR() interrupt 1 using 1
25.   {
26.        TL0 = 0xB0;                /*定时器 0 的计数初值，低 8 位*/
27.        TH0 = 0x3C;                /*定时器 0 的计数初值，高 8 位*/
28.        n_50ms++;
29.        if(n_50ms>=20)            /*计时 1 s 到了*/
30.        {
31.             n_50ms=0;            /*清 50 ms 计数*/
32.             second++;            /*秒加 1 */
33.             if(second==60)       /*如果秒计数到 60 */
34.             {
35.                  second=0;       /*秒清 0 */
36.                  minute++;       /*分加 1 */
37.                  if(minute==60)  /*如果分计数到 60 */
38.                  {
39.                       minute=0;   /*分清 0 */
40.                       hour++;     /*小时加 1 */
41.                       if(hour==24) /*如果小时计数到 24 */
42.                       hour=0;     /*小时清零*/
43.                  }
44.             }
45.        }
46.   }
```

程序运行结果如图 4-13 所示。

说明：

(1) 文件 4-7.c 中第 10 行的变量 set_key_count 用来存放功能状态。从第 30～37 行可以看出：当 set_key_count 为 0 时，表示正常显示状态；当 set_key_count 为 1、2、3 时，分别表示调整时、分、秒状态。为了区别正常显示和校时状态，这里使用了光标闪烁和不闪烁来分别显示。第 32 行 LCD_Write(0,0x0c)语句表示光标不闪烁，因为 0 状态表示正常显示；而第 33、34、35 行都使用了 LCD_Write(0,0x0f)语句，表示光标闪烁，说明当前是校时状态。

(2) 功能键检测和校时加 1 键检测是并列的 if 判断语句，但是校时功能得在功能状态不为 0 的情况下才能使用，正常显示不能使用。所以在校时加 1 键检测时"与"了一个条件 set_key_count!=0，见文件 4-7.c 中的第 40 行。

（3）文件 4-7.c 从第 45 行开始是根据功能状态(set_key_count 的值)判别校时加 1 对象。每次加 1 调整之后就要像第 52 行那样将修改后的数字转换为字符串，以便及时将结果显示出来。调整的时候也要使光标闪烁，表示正在校时，如接下来的第 55 行。第 53、54 行不使用 Print 函数将数字全部一次显示，而是选择修改了哪个对象就只显示哪个对象的数值。

（4）本例增加了一个 timer.h 头文件，代码如"文件 timer.h 代码"所示。timer.h 文件中第 1 行使用了 extern 标识符，表示这些变量的定义在别的文件中，提示编译器遇到此变量时在其他模块或文件中寻找其定义。数组变量 time_str[8]和时间变量 second、minute、hour 在主函数文件 4-7.c 中已定义过了。

（5）本例只调用了 timer.h 文件中的时间转换为字符串子函数 Time2Str()，这个子函数的作用是将时、分、秒的个位和十位分别求出，然后逐一存放到数组变量 time_str[8]里。在显示时、分、秒时用冒号"："加以间隔，所以冒号也需要存放在数组变量 time_str[8]中，见 timer.h 文件代码的第 16、19 行。

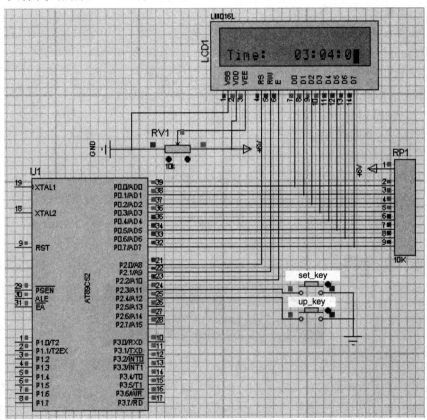

图 4-13   例 4-7 程序运行结果

三、拓展应用

（1）参照例 4-6，添加减 1 按键，更改程序，使任意改变某一位上的数字时既可以使用加 1 实现也可以使用减 1 实现。

（2）参照例 4-7，添加减 1 按键，更改程序，使程序可以加 1 也可以减 1 校时。

四、扩展阅读

1. 宏定义

1) 定义

宏就是一种等价替换，可以把某个表达式替换为一个字符串。在 C 语言中常用一个标识符来表示一个字符串。程序在编译预处理时，会对程序中所有出现的这个字符串都用宏定义中的标识符去代换。宏代换是由预处理程序自动完成的。

"宏"分为有参数宏和无参数宏两种。

2) 使用宏定义替代常量

使用宏代替一个在程序中经常使用的常量，这样该常量改变时，不用对整个程序进行修改，只修改宏定义的字符串即可。

例子：计算圆的面积和半径。

```
#define PI 3.1415
#include <stdio.h>
main()
{
    float r,l,s;
    scanf("%f",&r);
    l=2*PI*r;
    s=PI*r*r;
    printf("the circumference is %.4f.\n",l);
    printf("the round ares is % .4f.\n",s);
}
```

程序运行结果如图 4-14 所示。

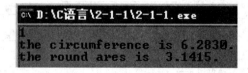

图 4-14　程序运行结果

本例用的是不带参数宏，其定义的一般形式如下：

```
#define 标识符 字符串
```

代码第 1 行就是一个宏代换，用 3.1415 替代程序中所有出现 PI 的地方。这样如果需修改 3.1415 为 3.14 或者其他值的时候，不需要在程序中所有出现 3.1415 的地方一一修改，只需修改第 1 行的宏代换为 #define PI 3.14 即可。

3) 使用宏定义替代表达式

例子：

```
#define M (x*x+4*x)
#include <stdio.h>
```

```
main()
{
    int x,y;
    printf("input a number: ");
    scanf("%d",&x);
    y = 2*M - 4*M;
    printf("y=%d\n",y);
}
```

这个例子还是不带参数宏，只不过宏名"M"指代的是式子"(x^2+4x)"。在本例中，注意第 1 行 #define M (x*x+4*x)中的括号不能少，因为在预处理程序进行宏代换时，是连括号一起替换的，如果不带括号，很可能最终式子会出现因为缺少括号而发生计算优先级的改变。

例子：求最大值。

```
#define MAX(a,b) (a>b)?a:b
#include <stdio.h>
main()
{
    int x,y,max;
    printf("input two numbers: ");
    scanf("%d%d",&x,&y);
    max = MAX(x,y);
    printf("max=%d\n",max);
}
```

本例使用的是进行带参数宏定义，其中 MAX 是宏名，后面的(a,b)是形参 a 和 b。用宏名 MAX 表示条件表达式(a>b)?a:b，形参 a、b 均出现在条件表达式中。第 8 行 max = MAX(x, y);为宏调用，这时实参 x、y 代换形参 a、b。这条语句就变换成了 max = (x>y)?x:y;。

需要注意的是，带参宏定义中，宏名和形参之间不能有空格出现。

例子：

```
#define M(a) 2*(a)*(a)+3*(a)
#include <stdio.h>
main()
{
    int x,y;
    printf("input a number: ");
    scanf("%d",&x);
    y=M(x+1);
    printf("y=%d\n",y);
}
```

本例还是有参数的宏定义，只不过实参是一个表达式"x+1"。这说明形参只是标识符，而在宏调用中的实参可以是表达式。这里可以和函数参数调用作一比较：函数调用时参数是实参表达式的具体值，而宏代换时代换的是整个实参表达式而不是表达式具体的值。需要注意的是，在宏定义中，宏名后面的字符串内的形参需要用括号括起来，如果不带括号，最终式子可能会出现因为缺少括号而发生计算优先级的改变。如本例，把 a 两端的括号去掉，同样输入 1，结果却是 8。其实不仅应对参数加括号，也应对整个表达式加括号。

2．typedef

1) 概念

为复杂的声明定义简单的别名，在 C 语言中可以使用标识符 typedef。

格式：

　　typedef　已定义的类型标识符　新标识符；

例如：

　　typedef int INTEGER;

　　INTEGER a;　　　　/*等价于：　int a;*/

上例表示利用新标识符 INTEGER 代替原来已定义的类型标识符 int。所以语句 INTEGER a;等价于语句 int a;。

例子：定义结构体。

```
typedef struct
{
    long num;
    char name[20];
    char sex;
    float score;
}STUD;
STUD student1,student2;
```

由上例可知 typedef 不是用来创建新的类型，而只是为标识符取一个别名，使以后的使用更加灵活方便。

2) typedef 与 #define 的区别

(1) #define 是在预处理时进行的，而 typedef 是在程序编译时进行的。

(2) #define 是简单的宏代换，而 typedef 只引入了一个新的助记符。

(3) #define 不需要在末尾加分号，如果加了，分号会连同字符串一起代换。

任务 4-3　数字钟时间进位设计

一、任务导读

学会了显示和通过按键校时的编程方法，接下来就是了解怎么让单片机自动 1 秒 1 秒地加 1 并显示出来，秒的自变引起分的自变，然后依次引起时、天、月、年、周的自变。

为了显示年、月、日、周，还需要学会计算某年是否是闰年、每个月有多少天、今天是星期几等，本任务通过 3 个例子逐个解决以上问题。

二、案例讲解

【例 4-8】　实现一天 24 小时的时、分、秒计时及显示。

参考源代码如下：

```
1.   #include "AT89x52.h"
2.   #include "timer.h"
3.   #include "LCD1602.h"
4.   unsigned char time_str[8];                    /*全局变量定义*/
5.   unsigned char n_50ms,second,minute,hour;  /*全局变量定义*/
6.   void main(void)              /*   主函数   */
7.   {
8.       n_50ms = 0;             /* 50 ms 计数变量*/
9.       second = 55;            /*秒计数变量初值*/
10.      minute = 59;            /*分计数变量初值*/
11.      hour = 23;              /*时计数变量初值*/
12.      LCD_Initial();          /*初始化 LCD */
13.      GotoXY(1,0);
14.      Print("Time:   ");
15.      Timer0_Initial();       /*初始化定时器 0 */
16.      while(1)
17.      {
18.          Time2Str();         /*把时间转换为字符串*/
19.          GotoXY(1,8);        /*确定显示时间的位置*/
20.          Print(time_str);    /*在 LCD 上显示出来*/
21.      }
22.   }
```

程序运行结果如图 4-15 所示。

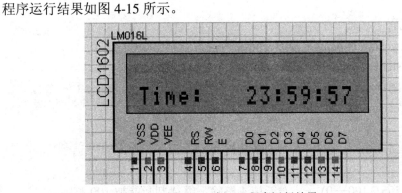

图 4-15　例 4-8 程序运行结果

说明：

(1) 单片机的晶振为 12 MHz，那么时钟周期为 1/(12 MHz)(秒)，12 个时钟周期为一个机器周期，即时钟周期乘以 12，则机器周期为 1 μs(微秒)，定时器每个机器周期自动加 1。定时器 0 最大计数是 2 的 16 次方(定时器 0 工作在方式 1 表示定时器是 16 位计数器)，2 的 16 次方等于 65 536，也就是说，定时器自动加 1 需要加满 65 536 才能产生一次定时中断。本例需要定时器 50 ms 产生一次中断，即加 50 000(50 ms/1 μs)次，所以定时器需要从 65 536～50 000 计数。

(2) 为什么不直接定时 1 s 呢？因为定时器是 16 位计数器，最多能加 65 536，加一次相当于 1 μs，最多能加 65 536 μs 就要触发一次中断。65 536 μs = 0.065 536 s，所以一次中断触发是不可能定时 1 s 的。这时可以取 0.05 s 定时一次，然后在定时中断处理程序中加上条件限制，加满 20 次 0.05 s 才执行需要的程序代码，也即例 4-7 timer.h 文件中的第 26～27 行代码。

【例 4-9】 判断某一年是否是闰年。

参考源代码如下：

文件 4-9.c 代码

```
1.    #include "stdio.h"
2.    #include "date.h"
3.    int year,month,day,week,leap;
4.    unsigned long days_year;
5.    void main(void)
6.    {
7.        int year = 0;                    /*得到年份变量*/
8.        printf("Please enter the year:\n");
9.        scanf("%d",&year);              /*得到年份*/
10.       if(LeapYear(year)==1)
11.           printf("Yes,%d is a leap year!\n",year);
12.       else
13.           printf("Yes,%d is non-leap year!\n",year);
14.   }
```

文件 date.h 代码

```
1.    extern int year,month,day,week,leap;
2.    extern unsigned long days_year;
3.    /*   判断闰年   */
4.    int LeapYear(int x)
5.    {
6.        if(x%4==0)               /*判断能被 4 整除否*/
7.        {
8.            if(x%100==0)         /*能被 4 整除，继续判断能被 100 整除否*/
9.            {
```

```
10.              if(x%400!=0) /*能被 100 整除，继续判断能被 400 整除否*/
11.              {
12.                  return 0;  /*平年返回 0 值*/
13.              }
14.              else
15.                  return 1;  /*闰年返回 1 值*/
16.          }
17.          else
18.              return 1;        /*闰年返回 1 值*/
19.      }
20.      else
21.          return 0;            /*平年返回 0 值*/
22. }
23. /*   计算各月天数   */
24. int DaysofMonth(int m,int y)
25. {
26.      switch (m)
27.      {
28.          case 1:
29.          case 3:
30.          case 5:
31.          case 7:
32.          case 8:
33.          case 10:
34.          case 12:
35.              return 31;     /*1、3、5、7、8、10、12 月为 31 天*/
36.              break;
37.          case 4:
38.          case 6:
39.          case 9:
40.          case 11:            /*4、6、9、11 月为 30 天*/
41.              return 30;
42.              break;
43.          case 2:
44.              if(y)            /* y 值即 LeapYear 返回值，闰年标志*/
45.              {
46.                  return 29;   /* y 值 1 代表闰年，2 月份 29 天*/
47.              }
48.              else
```

```
49.                 {
50.                     return 28;        /* y 值 0 代表平年，2 月份 28 天*/
51.                 }
52.             break;
53.         default:                      /*其他情况，返回 30 天*/
54.             return 30;
55.             break;
56.     }
57. }
58. /*   计算总天数及星期   */
59. int WeekofDay(int y,int m,int d)/*以 2012 年 1 月 1 日星期日为参照期*/
60. {
61.     int i;
62.     if(y>=2012)                 /*如果年份在 2012 年及以后，星期几的计算方法*/
63.     {
64.         for(i=y;i>2012;i--)  /*先计算 2012 年以来各整年的天数*/
65.             days_year += (365+LeapYear(i-1));
66.         for(i=m-1;i>=1;i--) /*再计算当前年已过去的整月的天数，并累加*/
67.             days_year += DaysofMonth((i),LeapYear(y));
68.         days_year += d;          /*最后还要加上当前月已过去的天数*/
69.         week = abs(7+days_year-2)%7+1;              /*计算星期几*/
70.     }
71.     if(y<2012)                   /*如果年份在 2012 年之前，星期几的计算方法*/
72.     {
73.         for(i=y;i<2011;i++)      /*先计算 2012 年之前各整年的天数*/
74.             days_year += (365+LeapYear(i+1));
75.         for(i=m;i<=12;i++)       /*再计算当前年还未过完的整月的天数，并累加*/
76.             days_year += DaysofMonth(i,LeapYear(y));
77.         days_year -= (d-2);      /*最后还要减去当前月已过去的天数*/
78.         week = 7-(days_year-1)%7;                /*计算星期几*/
79.     }
80.     return week;
81. }
```

程序运行结果如图 4-16 和图 4-17 所示。

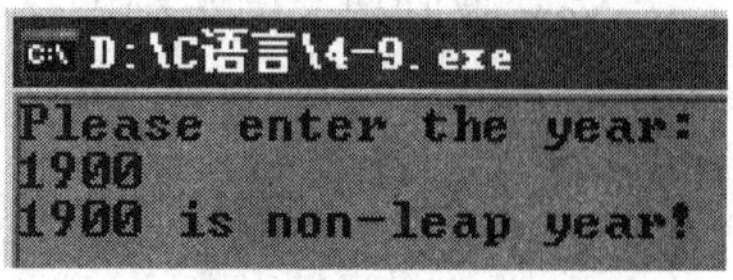

图 4-16　例 4-9 程序输入 1900 年的运行结果 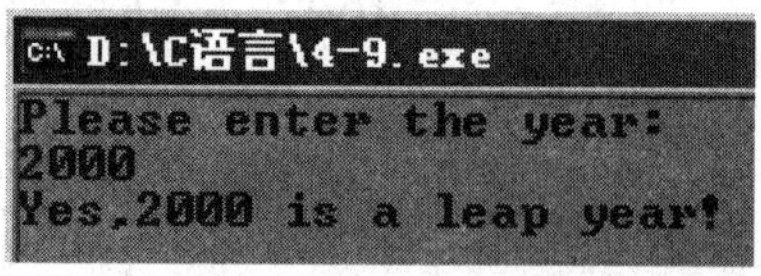　　　图 4-17　例 4-9 程序输入 2000 年的运行结果

说明:

(1) 俗话说:四年一闰,百年不闰,四百年再闰。算法思路如流程图 4-18 所示。

简单讲就是:先判断是否可以被 4 整除,如果不可以,不是闰年;如果可以,则继续判断是否可以被 100 整除,如果不可以,则是闰年;如果可以则继续判断是否可以被 400 整除,如果可以则是闰年,如果不可以,则不是闰年。

(2) 比如 1900 年,能被 4 整除,再判断,又能被 100 整除,再判断,不能被 400 整除,所以 1900 年不是闰年,见图 4-16 所示结果;而 2000 年既能被 4 整除,又能被 100 和 400 整除,所以 2000 年是一个闰年,见图 4-17 所示结果。

(3) 本例增加了文件 date.h。该头文件中包含 3 个子函数:判断闰年的 int LeapYear(int x),计算各月天数的 int DaysofMonth(int m,int y),计算总天数及星期的 int WeekofDay(int y,int m,int d)。本例只用到了 LeapYear 函数,其余两个函数分别在例 4-10 和例 4-11 中调用。

(4) LeapYear 函数,该函数有一个参数,也有返回值,如果无返回值,子函数名前面应该是 void,本例子函数名前是 int,表示有返回值,并且返回值类型是 int 型。返回的值是赋给了子函数名,当主函数或其他函数需要使用这个返回值时,只需调用带参数的函数名即可。子函数里通过 return 语句来实现返回的值,例如,子函数 LeapYear 里第 12、15、18、21 行以及子函数 DaysofMonth 里第 35、41、46 等行。LeapYear 函数参数传递的是年份变量,子函数根据年份变量的具体值得到该年是否是闰年,如果是,子函数返回 1 值;否则,子函数返回 0 值。

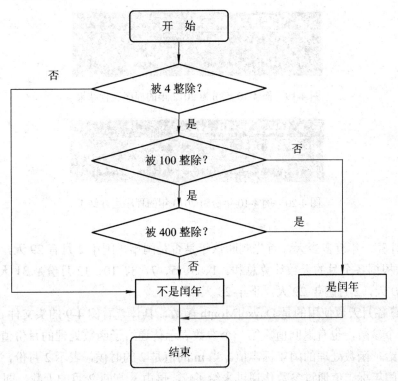

图 4-18 闰年算法流程图

【例 4-10】 计算各月天数及一年的天数。

参考源代码如下:

```
1.    #include "stdio.h"
2.    #include "date.h"
3.    int year,month,day,week,leap;
4.    unsigned long days_year;
5.    void main(void)
6.    {
7.        int year = 0;                            /*定义年变量*/
8.        int month,leap,days = 0;                 /*定义月份、闰年标志、总天数变量*/
9.        printf("Please enter the year:\n");
10.       scanf("%d",&year);                       /*得到年份*/
11.       leap=LeapYear(year);                     /*获得闰年标志*/
12.       for(month=1;month<=12;month++)           /*从 1 月按每月天数累加到 12 月*/
13.       {
14.           days+=DaysofMonth(month,leap);       /*每一次累加结果存放到 days 里*/
15.       }
16.       printf("the total number of days is:%d\n",days);    /*最后显示总天数*/
17.   }
```

程序运行结果如图 4-19 和图 4-20 所示。

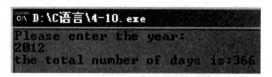

图 4-19　例 4-10 年份为 2012 年的程序运行结果

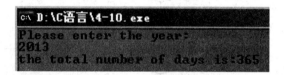

图 4-20　例 4-10 年份为 2013 年的程序运行结果

说明：

(1) 要计算一年有多少天，首先判断该年是否是闰年，闰年 2 月有 29 天，平年 2 月有 28 天。其次根据各个月的天数计算总和。1、3、5、7、8、10、12 月份是 31 天，4、6、9、11 月份是 30 天，2 月闰年 29 天，平年 28 天。

(2) 计算各月天数使用的是 DaysofMonth 函数，具体查看例 4-9 的头文件 date.h 代码。该函数有两个参数，也有返回值。第一个参数表示传递给子函数处理的月份值，第二个参数表示传递给子函数处理的闰年标志值。当 m 的值是 2 的时候，表示 2 月份，由 LeapYear 函数得到的闰年标志值通过参数传递进来给了 y，再由 y 判断 2 月的天数，即 y=1 表示闰年，函数返回闰年 2 月的 29 天，反之，y=0 表示平年，函数返回平年 2 月的 28 天。

(3) 计算一年的天数可以不用 DaysofMonth 子函数，只需判断该年是闰年还是平年，闰年 366 天，平年 365 天，直接给出即可。这里使用子函数是为了此后例子使用方便。

【例 4-11】 计算某一天是星期几。

参考源代码如下：

1.　#include "stdio.h"
2.　#include "date.h"
3.　#include"math.h"
4.　int year,month,day,week,leap;　　　　　/*定义年、月、日、星期、闰年的全局变量*/
5.　unsigned long days_year;　　　　　/*定义总天数的全局变量*/
6.　void main(void)
7.　{
8.　　　printf("Please enter the year:");　　/*请输入年份*/
9.　　　scanf("%d",&year);
10.　　printf("Please enter the month:");　/*请输入月份*/
11.　　scanf("%d",&month);
12.　　printf("Please enter the day:");　　/*请输入日期*/
13.　　scanf("%d",&day);
14.　　printf("Today is week :%d\n",WeekofDay(year,month,day));
15.　}

程序运行结果如图 4-21 和图 4-22 所示。

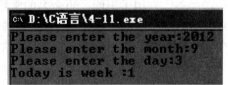

图 4-21　例 4-11 程序运行结果(2012 年 9 月 3 日星期一)

图 4-22　例 4-11 程序运行结果(公元 1 年 1 月 1 日星期一)

说明：

(1) 因为周以总天数每隔 7 天循环一次，所以只需知道其中某一天是星期几，就可以通过推算知道其他所有日期是星期几。公元 1 年 1 月 1 日是星期一，可以用来作为参照；公元 2012 年 9 月 3 日是星期一，也可以作为参照。本例以 2012 年 1 月 1 日星期日作为参照期。

(2) 第 14 行调用了头文件 date.h 中的 WeekofDay 函数，计算输入的日期是星期几。

三、拓展应用

(1) 例 4-9 使用了 3 个 if 语句嵌套实现闰年的判断，请问如果只使用如下 1 个 if 语句能否实现相同功能。

```
        if((year%4==0&&year%100!=0)||year%400==0)
        {
            printf("Yes,the year is a leap year!\n");
        }
        else
        {
            printf("The year is non-leap year!\n");
        }
```

(2) 例4-11使用的是数字代表星期几，星期一到星期日的显示依次为："1、2、3、4、5、6、7"。请仔细阅读扩展阅读的内容，了解枚举的使用方法，使用枚举类型更改程序，使星期一到星期日的显示依次为英文缩写："Mon."、"Tues."、"Wed."、"Thur."、"Fri."、"Sat."、"Sun."。

(3) 以公元1年1月1日星期一作为时间参照期，编写程序，计算任意一天是星期几。参照例4-11。

四、扩展阅读

1．枚举概念及定义

枚举是C语言的一种构造类型，它用于声明一组命名的常数，当一个变量有几种可能的取值时，可以将它定义为枚举类型。变量的值只限于列举出来的值的范围内。

枚举是一个集合，集合中的元素，又称为枚举元素或枚举常量，它们只是一些整型的常量，之间用逗号隔开。

枚举的定义：

　　　　enum　枚举类型名　{枚举元素1，枚举元素2，枚举元素3，枚举元素4，…};

例如，把一周7天的英文缩写定义成枚举类型：

　　　　enum weekday{MON, TUES, WED, THUR, FRI, SAT, SUN};

上述weekday就是一个枚举类型名，它有7个枚举元素。第一个枚举元素的值默认为0，默认后面的枚举成员的值总是前一个枚举成员的值+1。上述第一个枚举成员"MON"的值是0，所以"TUES"的值是1，同样，后边的枚举成员的值依次是前一个枚举成员值+1。

第一个元素可以在枚举类型声明时赋不同的值，例如下面代码：

　　　　enum weekday{MON=1, TUES, WED, THUR, FRI, SAT ,SUN};

这样第一个枚举元素"MON"的值是1，而这时"TUES"的值是2。但是不能在声明外单独对枚举元素赋值，因为枚举元素是常量而不是变量。同时也允许多个枚举成员有相同的值，这时也需要在枚举类型声明时把不同枚举成员赋一样的值。

2．枚举类型的变量

枚举类型的变量定义有以下几种：

(1) 先声明变量，再单独赋值。

　　　　enum weekday{MON=1, TUES, WED, THUR, FRI, SAT ,SUN};

```
enum weekday week1,week2,week3;
week1=MON;
```

(2) 同时进行变量声明和赋值。

```
enum weekday{MON=1, TUES, WED, THUR, FRI, SAT ,SUN};
enum weekday week1=MON,week2=TUES,week3=WED;
```

(3) 在定义枚举类型时声明变量，然后再单独赋值。

```
enum weekday{MON=1, TUES, WED, THUR, FRI, SAT, SUN}week1,week2;
week1=MON;
```

(4) 在定义枚举类型的同时声明变量和赋值。

```
enum weekday{MON=1, TUES, WED, THUR, FRI, SAT ,SUN}week1=MON,week2;
```

3. 枚举类型举例

例子：通过输入距离某个星期日的天数来计算当前日是星期几。

```
1.   #include "stdio.h"
2.   void main(void)
3.   {
4.       enum weekday{SUN,MON,TUE,WED,THU,FRI,SAT};
5.       int days;
6.       unsigned char week_value[4];
7.       scanf("Input days:%d",&days);
8.       switch(days%7)
9.       {
10.          case SUN:    strcpy(week_value,"SUN");break;
11.          case MON:    strcpy(week_value,"MON");break;
12.          case TUE:    strcpy(week_value,"TUE");break;
13.          case WED:    strcpy(week_value,"WED");break;
14.          case THU:    strcpy(week_value,"THU");break;
15.          case FRI:    strcpy(week_value,"FRI");break;
16.          case SAT:    strcpy(week_value,"SAT");break;
17.          default:     strcpy(week_value,"SAT");break;
18.       }
19.       printf("Today is %s.\n",week_value);
20.  }
```

程序运行结果如图4-23所示。

图4-23 程序运行结果

第4行定义了一个枚举类型weekday，其中第一个枚举元素SUN的值默认为0。第6

行定义了一个存放英文星期缩写的数组。当得到 days 的值时，通过取模运算(第 8 行)得到 0~6 的整型值，switch 结构里的 case 分支在这里没有使用数字 0~6，而是直接使用枚举元素的值，再一次说明枚举元素是一个整型的常量。

任务 4-4   数字钟闹铃实现

一、任务导读

通过以上 3 个任务，基本上数字时钟就可以运行了。本节旨在时钟的基础上增加闹铃功能。

首先了解如何让 LCD 分别显示不同的内容，例如正常时间和闹铃时间。其次在了解闹铃工作原理的基础上学会闹铃的编程方法。

二、案例讲解

【例 4-12】 通过按键任意设定闹铃时间，并且在闹铃时间和正常运作时间之间可以相互切换显示。

参考源代码如下：

```
1.   #include "AT89x52.h"
2.   #include "timer.h"
3.   #include "LCD1602.h"
4.   sbit set_key = P2^3;
5.   sbit up_key = P2^4;
6.   unsigned char n_50ms,second,minute,hour,alarm_minute,alarm_hour;
7.   unsigned char time_str[8],alarm_time_str[8];
8.   void main(void)                    /*   主函数   */
9.   {
10.      unsigned char set_key_count = 0;  /*设定功能状态变量*/
11.      second = 55;                   /*初始化时间*/
12.      minute = 59;                   /*初始化时间*/
13.      hour = 23;                     /*初始化时间*/
14.      alarm_minute = 0;             /*初始化闹铃时间*/
15.      alarm_hour = 0;               /*初始化闹铃时间*/
16.      LCD_Initial();                 /*初始化 LCD*/
17.      Timer0_Initial();              /*初始化定时器 0*/
18.      while(1)
19.      {                              /*如果当前状态是正常显示状态*/
20.        if(set_key_count==0)         /*   第一部分   */
21.        {                            /*那么就显示当前时间*/
```

```
22.          GotoXY(1,0);
23.          Print("Time:  ");        /*Time：表示现在显示的是正常时间*/
24.          Time2Str();             /*时间转换为字符串*/
25.          GotoXY(1,8);
26.          Print(time_str);        /*显示时间*/
27.      }
28.      if(set_key==0)             /*   第二部分   */
29.      {                          /*检测功能按键是否按下*/
30.          Delay1ms(100);
31.          if(set_key==0)         /*检测功能按键是否按下*/
32.          {
33.              set_key_count++;        /*功能状态值发生改变*/
34.              if(set_key_count>2)     /*修正功能值*/
35.                  set_key_count = 0;
36.              Alarm2Str();            /*先将闹铃时间数字型转换为字符串型*/
37.              GotoXY(1,0);            /*替代正常显示的"Time:"字符*/
38.              Print("Alarm:  ");
39.              GotoXY(1,8);            /*闹铃时间替代正常显示的时间*/
40.              Print(alarm_time_str); /*显示闹铃时间*/
41.              switch(set_key_count)  /*选择状态*/
42.              {
43.                  case 0:LCD_Write(0,0x0c);break;  /*正常显示时间状态*/
44.                  case 1:GotoXY(1,9);LCD_Write(0,0x0f);break;
45.                  case 2:GotoXY(1,12);LCD_Write(0,0x0f);break;
46.                  default:break;
47.              }
48.          }
49.      }
50.      if(up_key==0&&set_key_count!=0)/*   第三部分   */
51.      {                          /*检测加1按键是否按下*/
52.          Delay1ms(100);
53.          if(up_key==0)
54.          {
55.              switch(set_key_count)
56.              {                      /*根据状态值改变相应的闹铃值*/
57.                  case 0:break;
58.                  case 1:alarm_hour++;     /*改变闹铃小时值*/
59.                      if(alarm_hour==24)
60.                          alarm_hour = 0;
```

```
61.                    GotoXY(1,8);
62.                    Alarm2Str();          /*及时将闹铃转换为字符串*/
63.                    LCD_Write(1,alarm_time_str[0]);
64.                    LCD_Write(1,alarm_time_str[1]);
65.                    GotoXY(1,9);LCD_Write(0,0x0f);
66.                    break;
67.                case 2:alarm_minute++;     /*改变闹铃分钟值*/
68.                    if(alarm_minute==60)
69.                        alarm_minute = 0;
70.                    GotoXY(1,11);
71.                    Alarm2Str();          /*及时将闹铃转换为字符串*/
72.                    LCD_Write(1,alarm_time_str[3]);
73.                    LCD_Write(1,alarm_time_str[4]);
74.                    GotoXY(1,12);LCD_Write(0,0x0f);
75.                    break;
76.                default:break;
77.                }
78.            }
79.        }
80.    }
81. }
```

程序运行结果如图 4-24 和图 4-25 所示。

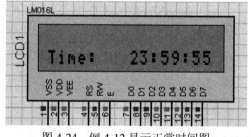

图 4-24 例 4-12 显示正常时间图

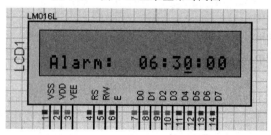

图 4-25 例 4-12 显示闹铃时间图

说明：

(1) 本例是在结合例 4-7 和例 4-8 的程序功能上修改完成的，在头文件 timer.h 中添加闹铃时间转换为字符串子函数 Alarm2Str()，代码如下：

```
1.   void Alarm2Str()
2.   {
3.       alarm_time_str[0] = alarm_hour/10 + '0';
4.       alarm_time_str[1] = alarm_hour%10 + '0';
5.       alarm_time_str[2] = ':';
6.       alarm_time_str[3] = alarm_minute/10 + '0';
7.       alarm_time_str[4] = alarm_minute%10 + '0';
8.       alarm_time_str[5] = ':';
9.       alarm_time_str[6] = '0';
10.      alarm_time_str[7] = '0';
11.  }
```

通过程序代码可知 Alarm2Str 函数和 Time2Str 函数极其相似。Alarm2Str 函数在变量上增加了 alarm_minute、alarm_hour，用来分别存放闹铃的分和时的数值；数组变量 alarm_time_str[8]用来存放闹铃时间字符串。

(2) 主函数中 while 主循环体内可以分为三部分：

第一部分：第 20～27 行。检测当前是显示正常时间还是显示闹铃时间。当功能状态值 set_key_count 为 0 的时候，代表显示正常时间，正常时间格式如图 4-24 所示。

第二部分：第 28～49 行。检测功能按键 set_key 是否按下。每次按键按下，状态值 set_key_count 就会加 1，并且在 0、1、2 三种状态间循环切换。0 代表第一部分所说的正常时间显示；1 代表闹铃显示并调整闹铃小时的状态；2 代表闹铃显示并调整闹铃分钟的状态；闹铃秒位不设置，默认为 0。闹铃显示格式如图 4-25 所示。

第三部分：第 50～79 行。这段代码通过 if 里的条件可知，需要在状态值 set_key_count 为 1 和 2 时起作用，也就是在能调整闹铃时和分的状态下，根据第 55 行 set_key_count 值来判断当前是给闹钟的哪位调整。

【例 4-13】 通过按键任意设定闹铃时间，闹铃时间一到则点亮 LED，延迟 4 秒熄灭。

参考源代码如下：

```
1.   #include "AT89x52.h"
2.   #include "timer.h"
3.   #include "LCD1602.h"
4.   sbit set_key = P2^3;
5.   sbit up_key = P2^4;
6.   unsigned char n_50ms,second,minute,hour,alarm_minute,alarm_hour;
7.   unsigned char time_str[8],alarm_time_str[8];
8.   unsigned char led_count,set_key_count;
9.   unsigned char led_flag,alarm_flag;
10.  void main(void)              /*  主函数  */
11.  {
12.      led = 0;                 /*设置 LED 等初始状态为灭*/
```

```
13.        set_key_count    = 0;                    /*初始化功能状态值为正常显示状态*/
14.        led_count = 0;                           /*初始化 LED 延迟时间值为 0 */
15.        second = 50;                             /*设置时间初值*/
16.        minute = 0;
17.        hour = 0;
18.        alarm_minute = alarm_hour = 0;           /*设置闹钟初值*/
19.        led_flag = alarm_flag = 0;               /*初始化 LED 灯和闹铃标志位为 0 */
20.        LCD_Initial();
21.        Timer0_Initial();
22.        GotoXY(0,12);                            /*初始时，未设置闹钟时的图标显示*/
23.        LCD_Write(1,0x6f);
24.        while(1)
25.        {                                        /*功能状态是否是正常显示状态*/
26.            if(set_key_count==0)                 /*   第一部分   */
27.            {                                    /*如果是，则正常显示时间*/
28.                GotoXY(1,0);
29.                Print("Time:    ");
30.                Time2Str();
31.                GotoXY(1,8);
32.                Print(time_str);
33.                if(alarm_hour==hour&&alarm_minute==minute&&led_count==0&&alarm_
                   flag ==1&&led_flag==0)           /*比较闹铃时间和当前时间是否相等*/
34.                    led_flag = 1;                /*相等则闹铃标志位置 1*/
35.            }
36.            if(set_key==0)                       /*   第二部分   */
37.            {                                    /*检测功能按键是否按下*/
38.                Delay1ms(150);
39.                if(set_key==0)                   /*如果功能按键按下*/
40.                {
41.                    set_key_count++;             /*功能状态值通过 +1 循环*/
42.                    if(set_key_count>3)
43.                        set_key_count = 0;       /*修正功能状态值*/
44.                    Alarm2Str();                 /*及时将闹铃时间转换为字符串*/
45.                    GotoXY(1,0);
46.                    Print("Alarm:   ");          /*显示闹铃"Alarm:"字符串*/
47.                    GotoXY(1,8);
48.                    Print(alarm_time_str);       /*显示闹铃时间*/
49.                    switch(set_key_count)
50.                    {
```

```
51.                    case 0:LCD_Write(0,0x0c);break;
52.                    case 1:GotoXY(1,9);LCD_Write(0,0x0f);break;
53.                    case 2:GotoXY(1,12);LCD_Write(0,0x0f);
54.                        led_flag = 0;break;        /*注意这里*/
55.                    case 3:GotoXY(0,12);LCD_Write(0,0x0f);break;
56.                    default:break;
57.                }
58.            }
59.        }
60.    if(up_key==0&&set_key_count!=0)            /*   第三部分   */
61.    {                                          /*检测校时按键是否按下*/
62.        Delay1ms(150);
63.        if(up_key==0)                          /*如果校时按键按下*/
64.        {
65.            switch(set_key_count)
66.            {
67.                case 0:break;
68.                case 1:alarm_hour++;           /*调整闹铃 hour 值*/
69.                    if(alarm_hour==24)
70.                        alarm_hour = 0;
71.                    GotoXY(1,8);
72.                    Alarm2Str();
73.                    LCD_Write(1,alarm_time_str[0]);
74.                    LCD_Write(1,alarm_time_str[1]);
75.                    GotoXY(1,9);LCD_Write(0,0x0f);
76.                    break;
77.                case 2:alarm_minute++;         /*调整闹铃 minute 值*/
78.                    if(alarm_minute==60)
79.                        alarm_minute = 0;
80.                    GotoXY(1,11);
81.                    Alarm2Str();
82.                    LCD_Write(1,alarm_time_str[3]);
83.                    LCD_Write(1,alarm_time_str[4]);
84.                    GotoXY(1,12);LCD_Write(0,0x0f);
85.                    break;
86.                case 3:alarm_flag++;           /*设置和取消闹铃功能*/
87.                    if(alarm_flag>1)
88.                        alarm_flag = 0;
89.                    /*如果闹铃已设置 alarm_flag==1*/
```

```
90.                          if(alarm_flag==1)
91.                          {              /*显示闹铃已设置图标*/
92.                          GotoXY(0,12);
93.                          LCD_Write(1,0xef);
94.                          }
95.                          else           /*如果闹铃未设置 alarm_flag!=1*/
96.                          {              /*显示闹铃未设置图标*/
97.                          GotoXY(0,12);
98.                          LCD_Write(1,0x6f);
99.                          }
100.                         GotoXY(0,12);LCD_Write(0,0x0f);
101.                         break;
102.                     default:break;
103.                  }
104.               }
105.            }
106.        }
107. }
```

程序运行结果如图 4-26 和图 4-27 所示。

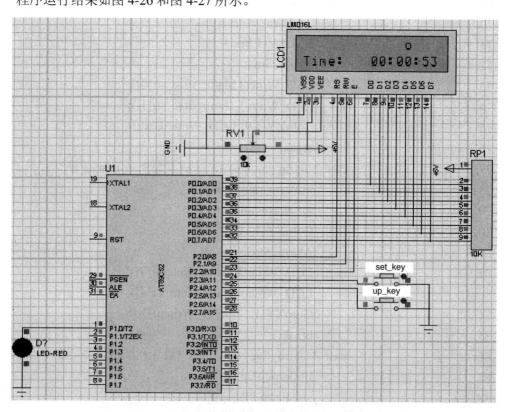

图 4-26　例 4-13 闹铃时间未到且闹铃未设置图

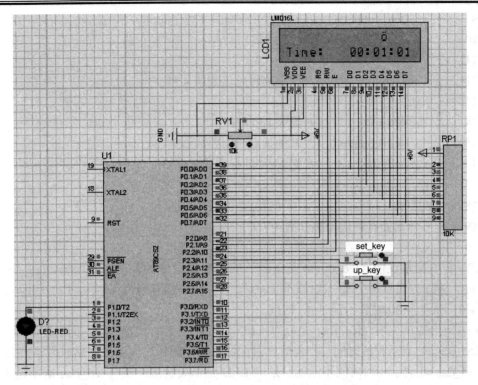

图 4-27　例 4-13 闹铃时间已设置且闹铃时间到图

说明：

(1) 本例修改了部分头文件内容，修改代码如下：

① 文件 LCD1602.h 中 LCD1602 初始化子函数变动代码。

1.　/*　LCD1602 初始化子函数　*/

2.　void LCD_Initial()

3.　{

4.　　　P2_2 = 0;

5.　　　LCD_Write(0,0x38);/*设定 8 位数据线、显示 2 行、每个字符由 5×7 点阵构成*/

6.　　　LCD_Write(0,0x0c); /*打开显示、有光标、光标闪烁*/

7.　　　LCD_Write(0,0x01); /*清屏*/

8.　}

② 文件 timer.h 中定时器 0 中断函数变动代码。

1.　/*　定时器 0 中断函数　*/

2.　sbit led = P1^0;　　　　　/*定义 led 为 P1 口的第 1 位*/

3.　void Timer0_ISR() interrupt 1 using 1

4.　{

5.　　　TL0 = 0xB0;　　　　/*定时器 0 的计数初值，低 8 位*/

6.　　　TH0 = 0x3C;　　　　/*定时器 0 的计数初值，高 8 位*/

7.　　　if(led_count<80&&led_flag==1)/*如果延迟不到 4 秒并且 LED 标志位为 1 */

8.　　　　{　　　　　　　/*那么就表示闹铃时间到*/

```
9.              led_count++;      /*闹钟延迟时间 + 1 */
10.             led = 1;          /*点亮 LED 灯*/
11.         }
12.     if(led_count==80)         /*如果闹钟延迟到了 4 秒*/
13.     {
14.         led = 0;              /*熄灭 LED 灯*/
15.         led_count = 0;        /*闹钟延迟时间值清 0*/
16.         led_flag = 3;         /*置 LED 灯标志位为非 0、非 1 */
17.     }
18.     n_50ms++;
19.     …/*此处省略代码参看例 4-7*/
20. }
```

(2) 新增变量说明：led_count 是为闹铃响铃时长设置的。在定时器里，led_count 和 n_50 ms 一样，定时器每中断一次(每 50 ms)就加 1，本例闹铃响铃延时 4 s，4 s/50 ms = 80 次，所以 led_count 为 80 时表示延时 4 s 时间。

(3) 新增变量说明：led_flag 是标志 LED 灯亮还是灭的状态的，本例中使用到了三种值：led_flag=1 表示闹铃时间与当前时间匹配，也就是闹铃时间到了，这时应该点亮 LED 灯；led_flag=0 表示闹铃时间不匹配，这时 LED 是熄灭状态；还有 led_flag 既不是 1 也不是 0，比如"文件 timer.h 中定时器 0 中断函数变动代码"的第 16 行，led_flag=3，表示闹铃延时 4 秒时间到了，这时应该的动作是熄灭 LED 灯。设置这个非 0 非 1 的值是因为闹铃时间是否到，只比较了闹铃时间和当前时间的 hour 和 mimute 的值，second 值没有作比较，并且需要 LED 在熄灭状态(led_flag=0)下。有时候闹铃已经响铃完毕，LED 熄灭，但是判断闹铃时间和当前时间还是匹配的，闹铃又会再次响。所以，在闹铃响铃结束的时候，只把 LED 熄灭，led_flag 值不置为 0 状态，只有第二次设置闹铃时间时，led_flag 才清零。

(4) 新增变量说明：alarm_flag 是标志闹铃时间设置与否的。alarm_flag 只有两种值：1 和 0。alarm_flag=1 时表示闹铃已设置；alarm_flag=0 表示闹铃未设置。本例当设置了闹铃时间，会显示闹铃已设置图标；如果未设置闹铃时间，会显示闹铃未设置图标。这个指示图标显示在第 1 行第 13 列的位置。LCD_Write(1,0x6f);语句显示出一个如图 4-28(a)所示的圆圈，LCD_Write(1,0xef);语句显示出一个如图 4-28(b)所示的圆圈上面还带两点的图标，这两个图标都是 LCD1602 自带字符里面的，可以直接使用，不需自定义。

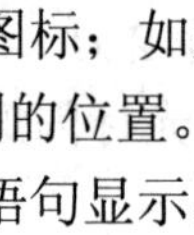

(a) 闹铃未设置图标 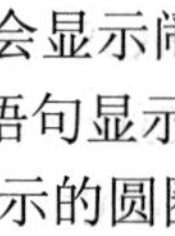　　　　　　　　(b) 闹铃已设置图标

图 4-28　例 4-13 闹铃时间未设置和已设置图标

(5) 主函数中 while 循环体中包含 3 个部分：

第一部分：第 26~35 行。检测当前是否是显示正常时间状态，set_key_count 等于 0 表示正常显示时间，set_key_count 具体取值在后面介绍。第 33 行判断闹铃是否该启动响铃，这句代码由 4 个部分组合起来综合判断：

① 判断所设闹铃的时、分值和当前时间的时、分值是否相等：alarm_hour==hour 和 alarm_minute==minute；

② 判断当前 LED 的工作状态，是亮还是灭的状态：led_flag==0；

③ 判断闹铃是否已设置：alarm_flag==1；

④ 判断闹铃响铃时间计数值是否为 0：led_count==0。

只有以上四种情况都满足了才表示闹铃时间到了，需要响铃了。

第二部分：第 36～59 行。检测功能按键是否按下。这个功能按键是指闹铃设置按键，当按下去的时候就转到闹铃显示模式了。这里 set_key_count 有 4 个值：0、1、2、3。当 set_key_count=0、1、2 时都和例 4-12 中所述一致，当 set_key_count=3 时表示跳转到第 1 行第 13 列显示闹铃是否设置的图标，如图 4-28 所示。

第 54 行是新增加的代码语句：led_flag=0;break;，该语句表示只要进入闹铃设置时间过程，led_flag 清 0，新的闹铃时间可以工作。

第三部分：第 60～105 行。这里和例 4-12 一致，需要说明的是，新增加的 set_key_count=3 状态。第 86～88 行代码限制了 alarm_flag 值只能为 0 或者 1，每按一次 key 键，alarm_flag 的值就在 0 和 1 之间互换一次。通俗说就是：按一下键设置了闹铃时间，再按一次未设置闹铃时间，以此循环。

(6) 定时器中断函数新增加了一些内容，可参考程序代码注释。

三、拓展应用

(1) 如果例 4-13 中判断闹铃时间增加 alarm_second== second 条件，即也需判断闹铃时间的秒位和当前时间的秒位是否相等，那么例 4-13 应该作何修改？"文件 timer.h 中定时器 0 中断函数变动代码"中第 16 行的 led_flag = 3;能否改写成 led_flag = 0;？

(2) 仔细阅读扩展阅读中的内容，了解结构体的使用方法。使用下列结构体，更改例 4-12 程序。

```
struct time
{
    char second;
    char minute;
    char hour;
}normal_time,alarm_time;
```

四、扩展阅读

1. 结构体

1) 结构体概念及定义

结构体是一个包含着不同数据类型的结构，是一种构造数据类型。它可以把不同数据类型的数据组合成一个整体。

结构体定义：

```
struct    结构体名
{
    类型标识符    成员名;
    类型标识符    成员名;
    ……
};
```

例如，定义一个包含学生各种信息的结构体如下：

```
struct student                  /*定义一个名为 student 的结构体*/
{
    char name[20];              /*姓名*/
    int num;                    /*学号*/
    char sex;                   /*性别*/
    int age;                    /*年龄*/
    float score;                /*分数*/
    char addr[30];              /*地址*/
};/*注意此处以分号结束*/
```

其中，第 1 行的 student 为结构体名，表示定义了一个名为 student 的结构体，它的数据类型就是 student。第 3～8 行是 student 结构体的 6 个成员变量，有数组类型、字符类型、整型等数据类型，它们表示学生的各种信息，比如姓名、学号、性别、年龄、分数、地址等。

2) 结构体变量的定义及成员访问

例子：

```
#include "stdio.h"
void main(void)
{    struct student
    {
        char name[20];
        int num;
        char sex;
        int age;
        float score;
        char addr[30];
    }stu01,stu02={"WangLei",12,'M',19,79,"778 ZS Road"};
    scanf("%s %c",&stu01.name,&stu01.sex);
    stu01.age=20;
    printf("the sex of the student01 is:%c\n",stu01.sex);
    printf("the age of the student01 is:%d\n",stu01.age);
    printf("the address of the student02 is:%s\n",stu02.addr);
}
```

程序运行结果如图 4-29 所示。

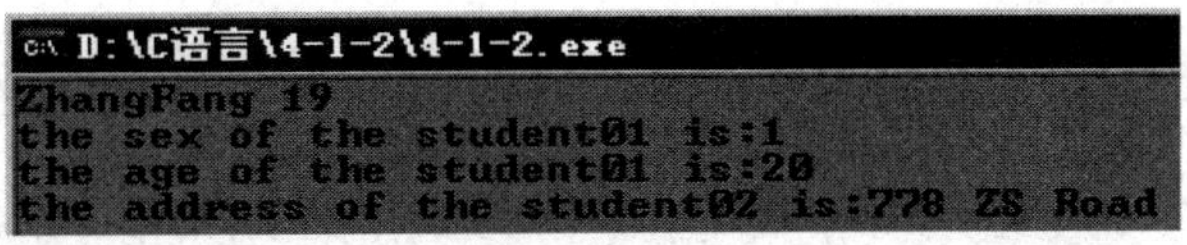

图 4-29　程序运行结果

本例的第 12 行在分号之前多了两个变量名：stu01，stu02。这行代码表示结构体变量 stu01 和 stu02 的数据类型是 student 类型。除此之外还可以使用下面语句来定义结构体变量：

struct student stu01,stu02;　/*定义结构体变量 stu01，stu02*/

在定义结构体变量时也可以同时赋值，比如第 12 行 stu02 的初始化。如果定义的时候没有赋值那么可以通过第 13 行和第 14 行的形式进行结构体成员的赋值操作。除了赋值还可以进行其他数据类型的运算操作。

注意，结构体成员的引用是通过以下形式进行的：

结构体变量名.成员名

例如，stu01.name。

3) 结构体指针变量

我们可以通过设定一个指针变量，指向一个结构体变量。指针变量的值就是结构体变量的起始地址。同时指针变量也可以指向结构体内部成员。

引用结构体成员除了上述的"结构体变量名.成员名"这种形式，还可以使用结构体指针变量形式，如以下两种：

(1) (*p).成员名。

(2) P→成员名。

下面通过具体例子来说明结构体指针变量的使用方法。

例子：

```
#include "stdio.h"
void main(void)
{
    struct student
    {
        char name[20];
        char sex;
        int age;
    }stu[2]={{"WangLei",'M',19},{"Zhangfang",'F',18}};
    struct student *s;
    s=stu;
    printf("the name of the student is:%s\n",s->name);
    s++;
    printf("the name of the student is:%s\n",s->name);
}
```

程序运行结果如图 4-30 所示。

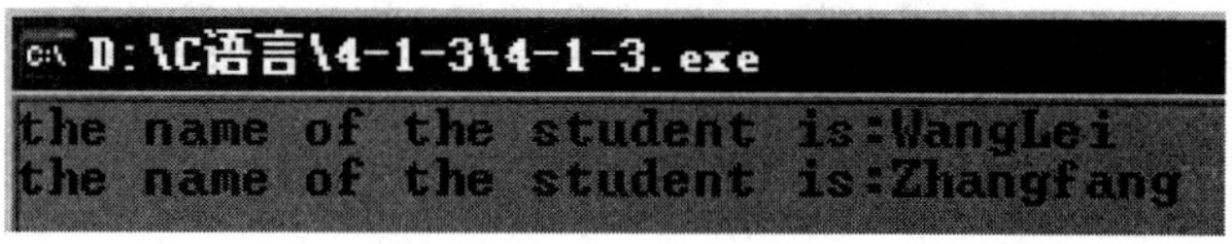

图 4-30　程序运行结果

本例的第 9 行定义了一个结构体数组 stu[2]，并且赋了初值。第 10 行定义了一个指向 struct student 数据类型的指针变量，第 11 行令指针指向结构体变量 stu，这时指针不仅指向结构体变量地址，也指向了这个数组结构体的第一个数组元素 stu[0]。所以当第 13 行指针加 1 时，指针变量 s 指向的是数组结构体的第二个数组元素 stu[1] 了。

2．共同体

1）共同体的概念和定义

共同体是使几个不同类型的变量共占一段内存的结构。

共同体定义：

```
union  共同体名
{
     类型标识符    成员名;
     类型标识符    成员名;
     ……
}变量列表;
```

例如，

```
union student
{
     char name[20];
     char sex;
     int age;
}stu01;
```

2）共同体和结构体的区别

由于共同体和结构体极其相似，所以这里通过比较共同体和结构体的不同来加深对共同体和结构体的理解。

结构体变量所占内存长度是各成员占的内存长度之和，每个成员分别占有其自身的内存单元。共同体变量所占的内存长度等于最长的成员的长度。这就导致了共同体里面的变量是在一个内存单元的，修改一个变量就会影响其他变量。例如下面代码所示：

```
#include "stdio.h"
void main(void)
{
     struct student1
     {
          char name[20];
```

```
        char sex;
        int age;
    }stu01;
    union student2
    {
        char name[20];
        char sex;
        int age;
    }stu02;
    stu01.age=19;
    stu01.sex='F';
    stu02.age=18;
    stu02.sex='M';
    printf("the age of the student1 is:%d\n",stu01.age);
    printf("the sex of the student1 is:%c\n",stu01.sex);
    printf("the age of the student2 is:%d\n",stu02.age);
    printf("the sex of the student2 is:%c\n",stu02.sex);
}
```

程序运行结果如图 4-31 所示。

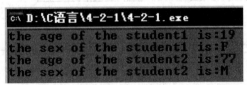

图 4-31　程序运行结果

字符 'M' 的 ASCII 码值是 77，所以由输出结果可知，stu02 的 age 值被第 19 行的 sex 赋值操作覆盖了。

任务 4-5　简易数字钟设计

一、设计要求

设计一个简易数字显示的时钟。

具体要求：

(1) 能正常运行并显示时、分、秒、年、月、日、周。

(2) 通过三个按键实现校时功能：一个按键作功能按键，一个作加调整按键，最后一个作减调整按键。

(3) 按键校时要能调整时、分、秒、年、月、日。年的范围是 0～9999，小时使用 24

小时制，周随时间调整后自行调整。

(4) 有闹铃功能，能设置并随时显示闹铃时间，闹铃响铃时间延时 10 秒；有闹铃知识图标。

二、方案论证

本设计利用 MCS51 单片机内部定时器作为时钟计数器，使用了 2 个按键和 1 个 LCD 液晶显示部件。所涉及的 LCD 显示、按键、定时等功能，在程序设计中可分别模块化成各个子函数，需要某功能时在相应程序代码处调用该子函数。具体模块说明如下：

1) LCD 初始化模块

LCD 初始化模块仅在主函数一开始调用一次，即上电运行一次。

2) LCD 显示模块

LCD 显示模块先将显示光标跳转到需要显示的位置，再显示出需要显示的内容。

3) 按键扫描模块

按键扫描模块首先检测功能键(set_key 按键)是否按下，只有功能键按下去了，加 1 校时按键(up_key 按键)才能工作。具体的按键扫描模块流程图如图 4-32 所示。

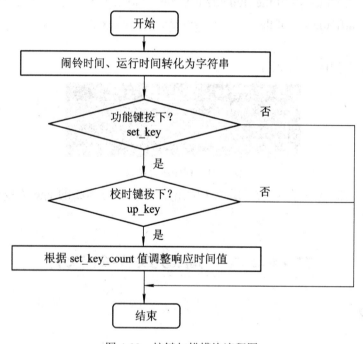

图 4-32 按键扫描模块流程图

4) 定时/计数模块

在定时/计数模块中只使用定时器 0，工作方式为 1，工作在 16 位计数器模式下，计满产生定时中断。这里定时 50 ms 中断一次；工作 1 s 需要定时中断 20 次，闹铃响铃 10 s，需要定时中断 200 次。定时中断流程图如图 4-33 所示。

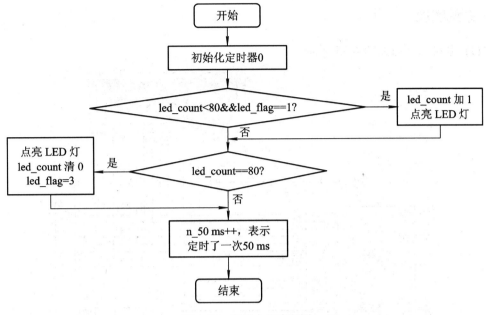

图 4-33　定时中断流程图

5) 时间转换为字符串模块

因为时间，不管是时、分、秒还是年、月、日、周，它们都是数字形式，要在 LCD 上显示出来必须转换为字符或字符串。

系统流程图如图 4-34 所示。

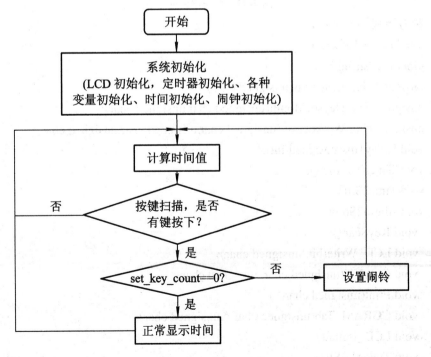

图 4-34　系统流程图

三、系统实现

(1) 电路原理图如图 4-35 所示。

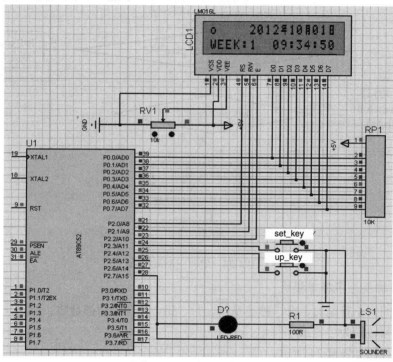

图 4-35　系统电路演示图

(2) 参考源代码如下：

1.　#include "AT89x52.h"

2.　#include "string.h"

3.　unsigned char LeapYear(unsigned char);

4.　unsigned char DaysofMonth(unsigned char,unsigned char);

5.　unsigned char WeekofDay(unsigned char,unsigned char,unsigned char);

6.　void Delay1ms(unsigned int);

7.　void Timer0_Initial();

8.　void Time2Str();

9.　void Alarm2Str();

10.　void KeyScan();

11.　void LCD_Write(bit, unsigned char);

12.　void GotoXY(unsigned char, unsigned char);

13.　void Print(unsigned char *);

14.　void CGRAM_Tab(unsigned char *,unsigned char);

15.　void LCD_Initial();

16.　void Timer0_ISR();

17.　void CallTime();

```
18.     void Sys_Initial();
19.     sbit set_key = P2^3;
20.     sbit up_key = P2^4;
21.     sbit alarm_led = P2^7;
22.     unsigned char n_50ms,second,minute,hour,alarm_minute,alarm_hour;
23.     unsigned char time_str[8],alarm_time_str[8],date_str[11],week_str[3];
24.     unsigned char led_count,set_key_count;
25.     unsigned char led_flag,alarm_flag;
26.     unsigned char year,month,day,leap,week;
27.     unsigned int days_year;
28.     unsigned char code nian[]={0x0f,0x12,0x0f,0x0a,0x1f,0x02,0x02,0x00};
29.     unsigned char code yue[]={0x0f,0x09,0x0f,0x09,0x0f,0x09,0x0b,0x00};
30.     unsigned char code ri[]={0x0f,0x09,0x09,0x0f,0x09,0x09,0x0f,0x00};
31.     /*  主函数  */
32.     void main(void)
33.     {
34.         Sys_Initial();
35.         while(1)
36.         {
37.           KeyScan();
38.           CallTime();
39.           if(set_key_count==0)
40.           {Time2Str();
41.               GotoXY(0,5);
42.               Print(date_str);
43.               GotoXY(1,0);
44.               Print("WEEK:");
45.               LCD_Write(1,WeekofDay(year,month,day)+'0');
46.               GotoXY(1,8);
47.               Print(time_str);
48.     if(alarm_hour==hour&&alarm_minute==minute&&led_count==0&&alarm_flag==1
        &&led_flag==0)
49.                   led_flag = 1;
50.           }
51.       }
52.     }
53.     /*  子函数  */
54.     /*  判断闰年子函数  */
55.     unsigned char LeapYear(unsigned char x)
```

```
56.    {
57.        unsigned int y;
58.        y=2000+x;
59.        if(y%4==0)
60.        {
61.            if(y%100==0)
62.            {
63.                if(y%400!=0)
64.                {
65.                    return 0;
66.                }
67.                else
68.                    return 1;
69.            }
70.            else
71.                return 1;
72.        }
73.        else
74.            return 0;
75.    }
76.    /*  计算各月天数子函数，具体实现此处略去，请参照例 4-10    */
77.    unsigned char DaysofMonth(unsigned char m,unsigned char y)
78.    {
               ...
110.   }
111.    /*  计算总天数及星期子函数    */
112.    unsigned char WeekofDay(unsigned char y,unsigned char m,unsigned char d)
113.    {
114.       unsigned char i;
115.       days_year = 0;
116.       if(y>=12)
117.       {
118.           for(i=y;i>12;i--)
119.               days_year += (365+LeapYear(i-1));
120.           for(i=m;i>=1;i--)
121.               days_year += DaysofMonth((i-1),LeapYear(y));
122.           days_year += d;
123.           week = (7+days_year-2)%7+1;
124.       }
```

```
125.      if(y<12)
126.      {
127.          for(i=y;i<11;i++)
128.              days_year += (365+LeapYear(i+1));
129.          for(i=m;i<=12;i++)
130.              days_year += DaysofMonth(i,LeapYear(y));
131.          days_year -= (d-2);
132.          week = 7-(days_year-1)%7;
133.      }
134.      return week;
135.  }
136.  /*  延迟 1 毫秒子函数，具体实现此处略去，请参照例 4-1  */
137.  void Delay1ms(unsigned int count)
138.  {
          ...
142.  }
143.  /*  定时器 0 中断初始化函数，具体实现此处略去，请参照例 4-7 中的"文件
      timer.h 代码"  */
144.  void Timer0_Initial()
145.  {
          ...
150.  }
151.  /*  时间转换为字符串子函数  */
152.  void Time2Str()
153.  {
154.      date_str[0] = 2 + '0';
155.      date_str[1] = '0';
156.      date_str[2] = year%1000%100/10 + '0';
157.      date_str[3] = year%1000%100%10 + '0';
158.      date_str[4] = 0x01;
159.      date_str[5] = month/10 + '0';
160.      date_str[6] = month%10 + '0';
161.      date_str[7] = 0x02;
162.      date_str[8] = day/100 + '0';
163.      date_str[9] = day%100 + '0';
164.      date_str[10] = 0x03;
165.      time_str[0] = hour/10 + '0';
166.      time_str[1] = hour%10 + '0';
167.      time_str[2] = ':';
```

```
168.        time_str[3] = minute/10 + '0';
169.        time_str[4] = minute%10 + '0';
170.        time_str[5] = ':';
171.        time_str[6] = second/10 + '0';
172.        time_str[7] = second%10 + '0';
173.    }
174.    /*    闹铃时间转换为字符串子函数，具体实现此处略去，请参照例 4-12    */
175.    void Alarm2Str()
176.    {
            ...
185.    }
186.    /*    键盘扫描子函数    */
187.    void KeyScan()
188.    {
189.       Alarm2Str();
190.       Time2Str();
191.       if(set_key==0)
192.       {
193.           Delay1ms(150);
194.           if(set_key==0)
195.           {
196.               set_key_count++;
197.               if(set_key_count==9)
198.                   set_key_count = 0;
199.
200.               if(set_key_count<4)
201.               {
202.                   GotoXY(1,0);
203.                   Print("Alarm:    ");
204.                   GotoXY(1,8);
205.                   Print(alarm_time_str);        /*显示闹铃时间*/
206.               }
207.               else
208.               {
209.                   GotoXY(0,5);
210.                   Print(date_str);
211.                   GotoXY(1,0);
212.                   Print("TIME:    ");
213.                   GotoXY(1,8);
```

```
214.                    Print(time_str);
215.                }
216.            switch(set_key_count)
217.            {
218.              case 0:LCD_Write(0,0x0c);break;
219.                case 1:GotoXY(1,9);LCD_Write(0,0x0f);break;
220.                case 2:GotoXY(1,12);LCD_Write(0,0x0f);
221.                      led_flag = 0;break;
222.                case 3:GotoXY(0,0);LCD_Write(0,0x0f);break;
223.                case 4:GotoXY(1,12);LCD_Write(0,0x0f);break;
224.                case 5: GotoXY(1,9);LCD_Write(0,0x0f);break;
225.                case 6: GotoXY(0,14);LCD_Write(0,0x0f);break;
226.                case 7: GotoXY(0,11);LCD_Write(0,0x0f);break;
227.                case 8: GotoXY(0,8);LCD_Write(0,0x0f);break;
228.                default:break;
229.            }
230.        }
231.    }
232.    if(up_key==0&&set_key_count!=0)
233.    {
234.        Delay1ms(150);
235.        if(up_key==0)
236.        {
237.            switch(set_key_count)
238.            {
239.                case 0:break;
240.                case 1:alarm_hour++;
241.                      if(alarm_hour==24)
242.                        alarm_hour = 0;
243.                    GotoXY(1,8);
244.                    Alarm2Str();
245.                    LCD_Write(1,alarm_time_str[0]);
246.                    LCD_Write(1,alarm_time_str[1]);
247.                    GotoXY(1,9);LCD_Write(0,0x0f);
248.                    break;
249.                case 2:alarm_minute++;
250.                      if(alarm_minute==60)
251.                        alarm_minute = 0;
252.                    GotoXY(1,11);
```

```
253.                    Alarm2Str();
254.                    LCD_Write(1,alarm_time_str[3]);
255.                    LCD_Write(1,alarm_time_str[4]);
256.                    GotoXY(1,12);LCD_Write(0,0x0f);
257.                    break;
258.              case 3:alarm_flag++;
259.                    if(alarm_flag>1)
260.                       alarm_flag = 0;
261.                    /*如果闹铃已设置 alarm_flag==1*/
262.                    if(alarm_flag==1)
263.                    {   /*显示闹铃已设置图标*/
264.                        GotoXY(0,0);
265.                        LCD_Write(1,0xef);
266.                    }
267.                    else/*如果闹铃没设置 alarm_flag!=1*/
268.                    {/*显示闹铃未设置图标*/
269.                        GotoXY(0,0);
270.                        LCD_Write(1,0x6f);
271.                    }
272.                    GotoXY(0,0);LCD_Write(0,0x0f);
273.                    break;
274.              case 4:minute++;
275.                    if(minute==60)
276.                       minute = 0;
277.                    GotoXY(1,11);
278.                    Alarm2Str();
279.                    LCD_Write(1,time_str[3]);
280.                    LCD_Write(1,time_str[4]);
281.                    GotoXY(1,12);LCD_Write(0,0x0f);
282.                    break;
283.              case 5:hour++;
284.                    if(hour==24)
285.                       hour = 0;
286.                    GotoXY(1,8);
287.                    Alarm2Str();
288.                    LCD_Write(1,time_str[0]);
289.                    LCD_Write(1,time_str[1]);
290.                    GotoXY(1,9);LCD_Write(0,0x0f);
291.                    break;
```

```
292.              case 6:day++;
293.                    if(day>31)
294.                       day = 1;
295.                    GotoXY(0,13);
296.                    Alarm2Str();
297.                    LCD_Write(1,date_str[8]);
298.                    LCD_Write(1,date_str[9]);
299.                    GotoXY(0,14);LCD_Write(0,0x0f);
300.                    break;
301.              case 7:month++;
302.                    if(month>12)
303.                       month = 1;
304.                    GotoXY(0,10);
305.                    Alarm2Str();
306.                    LCD_Write(1,date_str[5]);
307.                    LCD_Write(1,date_str[6]);
308.                    GotoXY(0,11);LCD_Write(0,0x0f);
309.                    break;
310.              case 8:year++;
311.                    if(year>99)
312.                       year = 0;
313.                    GotoXY(0,7);
314.                    Alarm2Str();
315.                    LCD_Write(1,date_str[2]);
316.                    LCD_Write(1,date_str[3]);
317.                    GotoXY(0,8);LCD_Write(0,0x0f);
318.                    break;
319.            default:break;
320.          }
321.        }
322.      }
323.  }
324.  /*  LCD1602 写数据或命令子函数，具体实现此处略去，请参照例 4-1   */
325.  void LCD_Write(bit style, unsigned char input)
326.  {
         ...
335.  }
336.  /*  LCD1602 光标定位子函数，具体实现此处略去，请参照例 4-1   */
337.  void GotoXY(unsigned char x, unsigned char y)
```

```
338.    {
            ...
343.    }
344.    /*  LCD1602 显示多个字符子函数，具体实现此处略去，请参照例 4-1 中的 "文
        件 LCD1602.h 代码"    */
345.    void Print(unsigned char *str)
346.        {
347.        while(*str!='\0')
348.        {
349.            LCD_Write(1,*str);
350.            str++;
351.        }
352.    }
353.    /*  LCD1602 显示自定义字符子函数,具体实现此处略去,请参照例 4-1 中的 "文
        件 LCD1602.h 代码"    */
354.    void CGRAM_Tab(unsigned char *t,unsigned char x)
355.    {
            ...
360.    }
361.    /*  LCD1602 初始化子函数，具体实现此处略去，请参照例 4-1    */
362.    void LCD_Initial()
363.    {
            ...
368.    }
369.    /*   定时器 0 中断函数   */
370.    void Timer0_ISR() interrupt 1 using 1
371.    {
372.        TL0 = 0xB0;
373.        TH0 = 0x3C;
374.        if(led_count<80&&led_flag==1)
375.        {
376.            led_count++;
377.            alarm_led = 1;
378.        }
379.        if(led_count==80)
380.        {
381.            alarm_led = 0;
382.            led_count = 0;
383.            led_flag = 3;
```

```
384.          }
385.      n_50ms++;
386.  }
387.  /*   计算时间子函数   */
388.  void CallTime()
389.  {
390.      if(n_50ms>=20)              /*计时 1 s 到了*/
391.      {
392.          n_50ms=0;              /*清 50 ms 计数*/
393.          second++;              /*秒加 1*/
394.          if(second==60)         /*如果秒计数到 60*/
395.          {
396.              second=0;          /*秒清 0*/
397.              minute++;          /*分加 1*/
398.              if(minute==60)     /*如果分计数到 60*/
399.              {
400.                  minute=0;      /*分清 0*/
401.                  hour++;        /*小时加 1*/
402.                  if(hour==24)   /*如果小时计数到 24*/
403.                  {
404.                      hour=0;    /*小时清零*/
405.                      day++;
406.                      if(day>DaysofMonth(month,year))
407.                      {
408.                          day = 1;
409.                          month++;
410.                          if(month>12)
411.                          {
412.                              month = 1;
413.                              year++;
414.                              if(year>9999)
415.                                  year = 0;
416.                          }
417.                      }
418.                  }
419.              }
420.          }
421.      }
422.  }
```

```
423.    void Sys_Initial()
424.    {
425.        alarm_led = 0;
426.        set_key_count   = 0;
427.        led_count = 0;
428.        second = 50;
429.        minute = 34;
430.        hour = 9;
431.        year = 12;
432.        month = 10;
433.        day = 1;
434.        alarm_minute = alarm_hour = 0;
435.        led_flag = alarm_flag = 0;
436.        LCD_Initial();
437.        Timer0_Initial();
438.        CGRAM_Tab(nian,0x08);
439.        CGRAM_Tab(yue,0x10);
440.        CGRAM_Tab(ri,0x18);
441.        GotoXY(0,0);
442.        LCD_Write(1,0x6f);
443.    }
```

附　录

附表1　ASCII 编码表

字符	十进制	十六进制	字符	十进制	十六进制	字符	十进制	十六进制	字符	十进制	十六进制
NUL	0	00	SPACE	32	20	@	64	40	`	96	60
SOH	1	01	!	33	21	A	65	41	a	97	61
STX	2	02	"	34	22	B	66	42	b	98	62
ETX	3	03	#	35	23	C	67	43	c	99	63
EOT	4	04	$	36	24	D	68	44	d	100	64
ENQ	5	05	%	37	25	E	69	45	e	101	65
ACK	6	06	&	38	26	F	70	46	f	102	66
BEL	7	07	'	39	27	G	71	47	g	103	67
BS	8	08	(	40	28	H	72	48	h	104	68
TAB	9	09	)	41	29	I	73	49	i	105	69
LF	10	0A	*	42	2A	J	74	4A	j	106	6A
VT	11	0B	+	43	2B	K	75	4B	k	107	6B
FF	12	0C	,	44	2C	L	76	4C	l	108	6C
CR	13	0D	-	45	2D	M	77	4D	m	109	6D
SO	14	0E	.	46	2E	N	78	4E	n	110	6E
SI	15	0F	/	47	2F	O	79	4F	o	111	6F
DLE	16	10	0	48	30	P	80	50	p	112	70
DC1	17	11	1	49	31	Q	81	51	q	113	71
DC2	18	12	2	50	32	R	82	52	r	114	72
DC3	19	13	3	51	33	S	83	53	s	115	73
DC4	20	14	4	52	34	T	84	54	t	116	74
NAK	21	15	5	53	35	U	85	55	u	117	75
SYN	22	16	6	54	36	V	86	56	v	118	76
ETB	23	17	7	55	37	W	87	57	w	119	77
CAN	24	18	8	56	38	X	88	58	x	120	78
EM	25	19	9	57	39	Y	89	59	y	121	79
SUB	26	1A	:	58	3A	Z	90	5A	z	122	7A
ESC	27	1B	;	59	3B	[	91	5B	{	123	7B
FS	28	1C	<	60	3C	\	92	5C	|	124	7C
GS	29	1D	=	61	3D	]	93	5D	}	125	7D
RS	30	1E	>	62	3E	^	94	5E	~	126	7E
US	31	1F	?	63	3F	_	95	5F	DEL	127	7F

附表 2　C 语言的关键字

关键字	描　述
char	声明字符型变量或函数
double	声明双精度变量或函数
enum	声明枚举类型
float	声明浮点型变量或函数
int	声明整型变量或函数
long	声明长整型变量或函数
short	声明短整型变量或函数
signed	声明有符号类型变量或函数
struct	声明结构体变量或函数
union	声明共用体(联合)数据类型
unsigned	声明无符号类型变量或函数
void	声明函数无返回值或无参数，声明无类型指针
for	for 循环语句
do	直到……循环语句的循环体
while	当……循环语句的循环条件
break	跳出当前循环
continue	结束当前循环，开始下一轮循环
if	如果……条件语句
else	否则……与 if 连用的条件语句否定分支
goto	无条件跳转语句
switch	选择语句
case	switch 选择语句的分支
default	switch 选择语句的"其他"分支
return	子程序返回语句
auto	声明自动变量
extern	声明变量是在其他文件中声明
register	声明寄存器变量
static	声明静态变量
const	声明只读变量
sizeof	计算数据类型长度
typedef	用以给数据类型取别名
volatile	说明变量在程序执行中可被隐含地修改

附表 3　C 语言常用运算符

优先级	运算符	名称或含义	使用形式	结合方向	说明
1	[]	数组下标	数组名[常量表达式]	左到右	
	()	圆括号	(表达式)/函数名(形参表)		
	.	成员选择(对象)	对象.成员名		
	→	成员选择(指针)	对象指针→成员名		
2	–	负号运算符	– 表达式	右到左	单目运算符
	(类型)	强制类型转换	(数据类型)表达式		
	++	自增运算符	++ 变量名 / 变量名 ++		单目运算符
	––	自减运算符	–– 变量名 / 变量名 ––		单目运算符
	*	取值运算符	*指针变量		单目运算符
	&	取地址运算符	& 变量名		单目运算符
	!	逻辑非运算符	! 表达式		单目运算符
	~	按位取反运算符	~ 表达式		单目运算符
	sizeof	长度运算符	sizeof (表达式)		
3	/	除	表达式 / 表达式	左到右	双目运算符
	*	乘	表达式 * 表达式		双目运算符
	%	余数	整型表达式%整型表达式		双目运算符
4	+	加	表达式 + 表达式	左到右	双目运算符
	–	减	表达式 – 表达式		双目运算符
5	<<	左移	变量 << 表达式	左到右	双目运算符
	>>	右移	变量 >> 表达式		双目运算符
6	>	大于	表达式 > 表达式	左到右	双目运算符
	>=	大于等于	表达式 >= 表达式		双目运算符
	<	小于	表达式 < 表达式		双目运算符
	<=	小于等于	表达式 <= 表达式		双目运算符
7	==	等于	表达式 == 表达式	左到右	双目运算符
	!=	不等于	表达式 != 表达式		双目运算符
8	&	按位与	表达式 & 表达式	左到右	双目运算符
9	^	按位异或	表达式 ^ 表达式	左到右	双目运算符
10			按位或	表达式	表达式	左到右	双目运算符
11	&&	逻辑与	表达式 && 表达式	左到右	双目运算符
12	||	逻辑或	表达式 || 表达式	左到右	双目运算符
13	?:	条件运算符	表达式 1? 表达式 2: 表达式 3	右到左	三目运算符

续表

优先级	运算符	名称或含义	使用形式	结合方向	说明
14	=	赋值运算符	变量 = 表达式	右到左	
	/=	除后赋值	变量 /= 表达式		
	*=	乘后赋值	变量 *= 表达式		
	%=	取模后赋值	变量 %= 表达式		
	+=	加后赋值	变量 += 表达式		
	–=	减后赋值	变量 –= 表达式		
	<<=	左移后赋值	变量 <<= 表达式		
	>>=	右移后赋值	变量 >>= 表达式		
	&=	按位与后赋值	变量 &= 表达式		
	^=	按位异或后赋值	变量 ^= 表达式		
	|=	按位或后赋值	变量 |= 表达式		
15	,	逗号运算符	表达式,表达式,...	左到右	从左向右顺序运算

附表4 C语言常用函数

函数名	函数原型	功 能	返回值
abs	int abs(int num);	计算整数 num 的绝对值	返回计算结果
acos	double acos(double x) ;	计算 arccos x 的值，其中 $-1 \leqslant x \leqslant 1$	返回计算结果
asin	double asin(double x) ;	计算 arcsin x 的值，其中 $-1 \leqslant x \leqslant 1$	返回计算结果
atan	double atan(double x) ;	计算 arctan x 的值	返回计算结果
atan2	double atan2(double x, double y) ;	计算 arctan x/y 的值	返回计算结果
atof	double atof(char *str);	将 str 指向的字符串转换为一个 double 型的值	返回双精度计算结果
atoi	int atoi(char *str);	将 str 指向的字符串转换为一个 int 型的值	返回转换结果
atol	long atol(char *str);	将 str 指向的字符串转换为一个 long 型的值	返回转换结果
calloc	void *calloc(unsigned n, unsigned size);	分配 n 个数据项的内存连续空间，每个数据项的大小为 size	分配内存单元的起始地址。如不成功，返回 0

续表一

函数名	函数原型	功　能	返回值
clearer	void clearer(FILE *fp);	清除文件指针错误指示器	无
close	int close(int fp);	关闭文件(非 ANSI 标准)	关闭成功返回 0，不成功返回 −1
cos	double cos(double x);	计算 cos x 的值，其中 x 的单位为弧度	返回计算结果
cosh	double cosh(double x);	计算 x 的双曲余弦 cosh x 的值	返回计算结果
creat	int creat(char *filename, int mode);	以 mode 所指定的方式建立文件(非 ANSI 标准)	成功返回正数，否则返回 −1
eof	int eof(int fp);	判断 fp 所指的文件是否结束	文件结束返回 1，否则返回 0
exit	void exit(int status);	中止程序运行。将 status 的值返回调用的过程	无
exp	double exp(double x);	求 e^x 的值	返回计算结果
fabs	double fabs(double x);	求 x 的绝对值	返回计算结果
fclose	int fclose(FILE *fp);	关闭 fp 所指的文件，释放文件缓冲区	关闭成功返回 0，不成功返回非 0
feof	int feof(FILE *fp);	检查文件是否结束	文件结束返回非 0，否则返回 0
ferror	int ferror(FILE *fp);	测试 fp 所指的文件是否有错误	无错返回 0，否则返回非 0
fflush	int fflush(FILE *fp);	将 fp 所指的文件的全部控制信息和数据存盘	存盘正确返回 0，否则返回非 0
fgetc	int fgetc(FILE *fp);	从 fp 所指的文件中取得下一个字符	返回所得到的字符，出错返回 EOF
fgets	char *fgets(char *buf, int n, FILE *fp);	从 fp 所指的文件读取一个长度为 n − 1 的字符串，存入起始地址为 buf 的空间	返回地址 buf。若遇文件结束或出错则返回 EOF
floor	double floor(double x);	求出不大于 x 的最大整数	返回该整数的双精度实数
fmod	double fmod(double x, double y);	求整除 x/y 的余数	返回余数的双精度实数

续表二

函数名	函数原型	功　能	返回值
fopen	FILE *fopen(char *filename, char *mode);	以 mode 指定的方式打开名为 filename 的文件	成功，则返回一个文件指针，否则返回 0
fprintf	int fprintf(FILE *fp, char *format,args,…);	把 args 的值以 format 指定的格式输出到 fp 所指的文件中	实际输出的字符数
fputc	int fputc(char ch, FILE *fp);	将字符 ch 输出到 fp 所指的文件中	成功则返回该字符，出错返回 EOF
fputs	int fputs(char str, FILE *fp);	将 str 指定的字符串输出到 fp 所指的文件中	成功则返回 0，出错返回 EOF
fread	int fread(char *pt, unsigned size, unsigned　n, FILE *fp);	从 fp 所指定文件中读取长度为 size 的 n 个数据项，存到 pt 所指向的内存区	返回所读的数据项个数，若文件结束或出错返回 0
free	void free(void *p);	释放 p 所指内存区	无
frexp	double frexp(double val, int *eptr);	把双精度数 val 分解成数字部分(尾数)和以 2 为底的指数，即 $val = x \times 2^n$，n 存放在 eptr 指向的变量中	数字部分 x: $0.5 \leqslant x < 1$
fscanf	int fscanf(FILE *fp, char *format,args,…);	从 fp 指定的文件中按给定的 format 格式将读入的数据送到 args 所指向的内存变量中(args 是指针)	以输入的数据个数
fseek	int fseek(FILE *fp, long offset, int base);	将 fp 指定的文件的位置指针移到 base 所指出的位置为基准、以 offset 为位移量的位置	返回当前位置，否则返回 −1
ftell	long ftell(FILE *fp);	返回 fp 所指定的文件中的读写位置	返回文件中的读写位置，否则返回 0
fwrite	int fwrite(char *ptr, unsigned size, unsigned n, FILE *fp);	把 ptr 所指向的 n × size 个字节输出到 fp 所指向的文件中	写到 fp 文件中的数据项的个数
getc	int getc(FILE *fp);	从 fp 所指向的文件中读出下一个字符	返回读出的字符，若文件出错或结束返回 EOF
getchar	int getchar();	从标准输入设备中读取下一个字符	返回字符，若文件出错或结束返回 −1

函数名	函数原型	功　能	返回值
gets	char *gets(char *str);	从标准输入设备中读取字符串存入 str 指向的数组	成功返回 str，否则返回 NULL
isalnum	int isalnum(int ch);	检查 ch 是否为字母或数字	是字母或数字返回 1，否则返回 0
isalpha	int isalpha(int ch);	检查 ch 是否为字母	是字母返回 1，否则返回 0
iscntrl	int iscntrl(int ch);	检查 ch 是否为控制字符(其 ASCII 码在 0 和 0x1F 之间)	是控制字符返回 1，否则返回 0
isdigit	int isdigit(int ch);	检查 ch 是否为数字	是数字返回 1，否则返回 0
isgraph	int isgraph(int ch);	检查 ch 是否是可打印字符(其 ASCII 码在 0x21 和 0x7e 之间)，不包括空格	是可打印字符返回 1，否则返回 0
islower	int islower(int ch);	检查 ch 是否是小写字母(a~z)	是小写字母返回 1，否则返回 0
isprint	int isprint(int ch);	检查 ch 是否是可打印字符(其 ASCII 码在 0x21 和 0x7e 之间)，不包括空格	是可打印字符返回 1，否则返回 0
ispunct	int ispunct(int ch);	检查 ch 是否是标点字符(不包括空格)，即除字母、数字和空格以外的所有可打印字符	是标点字符返回 1，否则返回 0
isspace	int isspace(int ch);	检查 ch 是否为空格、跳格符(制表符)或换行符	是，返回 1，否则返回 0
isupper	int isupper(int ch);	检查 ch 是否为大写字母(A~Z)	是大写字母返回 1，否则返回 0
isxdigit	int isxdigit(int ch);	检查 ch 是否为一个 16 进制数字(即 0~9 或 A~F，a~f)	是，返回 1，否则返回 0
itoa	char *itoa(int n, char *str, int radix);	将整数 n 的值按照 radix 进制转换为等价的字符串，并将结果存入 str 指向的字符串中	返回一个指向 str 的指针
labs	long labs(long num);	计算 long 型整数 num 的绝对值	返回计算结果

函数名	函数原型	功　能	返回值
log	double log(double x) ;	求 lnx 的值	返回计算结果
log10	Double log10(double x) ;	求 lgx 的值	返回计算结果
ltoa	char *ltoa(long n, char *str, int radix) ;	将长整数 n 的值按照 radix 进制转换为等价的字符串，并将结果存入 str 指向的字符串	返回一个指向 str 的指针
malloc	void *malloc(unsigned size);	分配 size 字节的内存区	返回所分配的内存区地址，如内存不够，返回 0
memchr	void memchr(void *buf, char ch, unsigned count);	在 buf 的前 count 个字符里搜索字符 ch 首次出现的位置	返回指向 buf 中 ch 第一次出现的位置指针。若没有找到 ch，返回 NULL
memcmp	int memcmp(void *buf1, void *buf2, unsigned count);	按字典顺序比较由 buf1 和 buf2 指向的数组的前 count 个字符	buf1<buf2，为负数；buf1=buf2，返回 0；buf1>buf2，为正数
memcpy	void *memcpy(void *to, void *from, unsigned count);	将 from 指向的数组中的前 count 个字符拷贝到 to 指向的数组中。from 和 to 指向的数组不允许重叠	返回指向 to 的指针
memove	void *memove(void *to, void *from, unsigned count);	将 from 指向的数组中的前 count 个字符拷贝到 to 指向的数组中。from 和 to 指向的数组不允许重叠	返回指向 to 的指针
memset	void *memset(void *buf, char ch, unsigned count);	将字符 ch 拷贝到 buf 指向的数组的前 count 个字符中	返回 buf
modf	double modf(double val, int *ptr) ;	把双精度数 val 分解成整数部分和小数部分，把整数部分存放在 ptr 指向的变量中	val 的小数部分
open	int open(char *filename, int mode);	以 mode 指定的方式打开已存在的名为 filename 的文件(非 ANSI 标准)	返回文件号(正数)，如打开失败返回 −1
pow	double pow(double x, double y) ;	求 x^y 的值	返回计算结果

函数名	函数原型	功　　能	返回值
printf	int printf(char *format,args,…);	在 format 指定的字符串的控制下,将输出列表 args 的值输出到标准设备	返回输出字符的个数,若出错返回负数
prtc	int prtc(int ch, FILE *fp) ;	把一个字符 ch 输出到 fp 所指的文件中	返回输出字符 ch,若出错返回 EOF
putchar	int putchar(char ch);	把字符 ch 输出到标准输出设备	返回换行符,若失败返回 EOF
puts	int puts(char *str);	把 str 指向的字符串输出到标准输出设备,将"\0"转换为回车行	返回换行符,若失败返回 EOF
putw	int putw(int w, FILE *fp);	将一个整数 w(即一个字)写到 fp 所指的文件中(非 ANSI 标准)	返回读出的字符,若文件出错或结束返回 EOF
rand	int rand();	产生 0 到 RAND_MAX 之间的伪随机数。RAND_MAX 在头文件中定义	返回一个伪随机(整)数
random	int random(int num);	产生 0 到 num 之间的随机数	返回一个随机(整)数
randomize	void randomize();	初始化随机函数,使用时包括头文件 time.h	
read	int read(int fp, char *buf, unsigned count);	从文件号 fp 所指定的文件中读 count 个字节到由 buf 指示的缓冲区(非 ANSI 标准)	返回真正读出的字节个数,如文件结束返回 0,出错返回 −1
realloc	void *realloc(void *p, unsigned size);	将 p 所指的已分配的内存区的大小改为 size。size 可以比原来分配的空间大或小	返回指向该内存区的指针。若重新分配失败,返回 NULL
remove	int remove(char *fname);	删除以 fname 为文件名的文件	成功返回 0,出错返回 −1
rename	int rename(char *oname, char *nname);	把 oname 所指的文件名改为由 nname 所指的文件名	成功返回 0,出错返回 −1
rewind	void rewind(FILE *fp);	将 fp 指定的文件指针置于文件头,并清除文件结束标志和错误标志	无

函数名	函数原型	功　能	返回值
scanf	int scanf(char *format,args,…) ;	从标准输入设备按 format 指示的格式字符串规定的格式,输入数据给 args 所指示的单元。args 为指针	读入并赋给 args 数据个数。如文件结束返回 EOF,若出错返回 0
sin	double sin(double x) ;	求 sin x 的值,其中 x 的单位为弧度	返回计算结果
sinh	double sinh(double x) ;	计算 x 的双曲正弦函数 sinh x 的值	返回计算结果
sqrt	double sqrt (double x) ;	计算 x 的平方根,其中 x≥0	返回计算结果
strcat	char *strcat(char *str1, char *str2);	把字符 str2 接到 str1 后面,取消原来 str1 最后面的串结束符 "\0"	返回 str1
strchr	char *strchr(char *str,int ch);	找出 str 指向的字符串中第一次出现字符 ch 的位置	返回指向该位置的指针,如找不到,则应返回 NULL
strcmp	int *strcmp(char *str1, char *str2);	比较字符串 str1 和 str2	若 str1<str2,返回负数;若 str1=str2,返回 0;若 str1>str2,返回正数
strcpy	char *strcpy(char *str1, char *str2);	把 str2 指向的字符串拷贝到 str1 中去	返回 str1
strlen	unsigned int strlen(char *str);	统计字符串 str 中字符的个数(不包括终止符 "\0")	返回字符个数
strncat	char *strncat(char *str1, char *str2, unsigned count);	把字符串 str2 指向的字符串中最多 count 个字符连到串 str1 后面,并以 NULL 结尾	返回 str1
strncmp	int strncmp(char *str1,*str2, unsigned count);	比较字符串 str1 和 str2 中至多前 count 个字符	若 str1<str2,返回负数;若 str1=str2,返回 0;若 str1>str2,返回正数
strncpy	char *strncpy(char *str1,*str2, unsigned count);	把 str2 指向的字符串中最多前 count 个字符拷贝到串 str1 中去	返回 str1
strnset	void *strnset(char *buf, char ch, unsigned count);	将字符 ch 拷贝到 buf 指向的数组的前 count 个字符中	返回 buf

函数名	函数原型	功　能	返回值
strset	void *strset(void *buf, char ch);	将 buf 所指向的字符串中的全部字符都变为字符 ch	返回 buf
strstr	char *strstr(char *str1,*str2);	寻找 str2 指向的字符串在 str1 指向的字符串中首次出现的位置	返回 str2 指向的字符串首次出现的地址，否则返回 NULL
tan	double tan(double x);	计算 tan x 的值，其中 x 的单位为弧度	返回计算结果
tanh	double tanh(double x);	计算 x 的双曲正切函数 tanh x 的值	返回计算结果
tolower	int tolower(int ch);	将 ch 字符转换为小写字母	返回 ch 对应的小写字母
toupper	int toupper(int ch);	将 ch 字符转换为大写字母	返回 ch 对应的大写字母
write	int write(int fd, char *buf, unsigned count);	从 buf 指示的缓冲区输出 count 个字符到 fd 所指的文件中（非 ANSI 标准）	返回实际写入的字节数，如出错返回 −1

参 考 文 献

[1]　谭浩强.C 程序设计.3 版.北京：清华大学出版社，2005

[2]　杨路明.C 语言程序设计教程.北京：北京邮电大学出版社，2011

[3]　邓兴成.单片机原理与实践指导.北京：机械工业出版社，2011